과학 엔터테이너
최원석의

패션
사이언스

과학 엔터테이너
최원석의

패션
사이언스

FASHION SCIENCE

최원석 지음

살림Friends

여러분은 지금 무엇을 입고 있습니까?

지금 여러분은 종류에 상관없이 어떤 것이든 입고 있을 것입니다. 우리는 이 '어떤 것'을 가리켜 '옷'이라고 부릅니다. 하지만 옷은 이러한 사전적 의미를 넘어 옷을 입고 있는 사람에 따라 다양한 의미를 가집니다. 물론 〈아마존의 눈물〉에 등장하는 조에 족처럼 현대 문명을 등지고 살아가는 원시 부족들에게는 옷이 그다지 큰 의미를 갖지 못할 수도 있습니다. 그러나 현대인들에게 있어 옷 입기는 그 어떤 일보다 중요하다고 할 수 있습니다. 아침을 먹지 않고 집을 나설 수는 있어도 옷을 입지 않고는 밖에 나갈 수 없으니 어떻게 생각하면 먹는 것보다 더 기본적인 일이기도 합니다. 그렇다면 우리는 단지 문명화된 사회에 살고 있기 때문에 의무적으로 옷을 입는 것일까요? 과연 우리에게 옷은 어떤 의미일까요?

교복, 군복, 유니폼 등은 모두 통일성을 상징합니다. 이 옷들은 같은 신분을 가진 사람들 사이의 동일한 정체성을 나타냅니다. 유니폼을 입고 있는 사람들 사이에는 개인의 특징이나 개성을 표출

하지 않고 특정 단체의 목적을 위해 노력한다는 의미가 담겨 있습니다. 소위 말하는 학생들의 교복 튜닝은 이러한 통일성에서 탈피하여 자신의 개성을 표출하려는 의지의 표현입니다.

　만약 여러분이 지금 정장을 입고 있다면 이는 상대방에 대한 예의를 나타내고자 하는 것을 의미합니다. 정장은 각종 모임이나 면접 등 중요한 자리에서 단정한 인상을 주기 위해 입는데 정장을 입으면 활동성이 줄어들기 때문에 절제와 예의 있는 행동을 하게 됩니다. 그래서 실용성을 중요하게 여기는 요즘에는 정장 차림으로 일하는 회사가 줄어들고 있기도 합니다. 그만큼 절제보다는 다양한 창의성을 요구하기 때문에 복장을 자유롭게 하는 것입니다.

　우리는 이러한 유니폼과 정장 외에도 다양한 일상복을 선택해서 입을 수 있는데 그때미디 많은 고민을 하게 됩니다. 왜냐하면 옷차림은 나의 개성을 표현하는 가장 중요한 수단 중 하나이기 때문입니다. 화려한 레이스가 달린 핑크 색 드레스를 입은 사람과 헐렁한 청바지에 후드티를 입고 있는 사람이 어떤 성향을 가졌는지 우리는 옷만 보고도 대충 짐작할 수 있습니다. 명품을 입고 있는 사람을 보면 재력도 있고 능력도 있다고 생각하지만 싸고 낡은 옷을 입고 있는 사람을 보면 돈도 별로 없고 센스도 없다고 생각하게 됩니다. 이처럼 옷은 그 사람의 개성이나 능력을 나타내기에 우리는 '옷이 날개'라는 말을 하는 것입니다.

옷이 날개라는 말은 분명 옳습니다. 집에서 살림만 하던 아줌마가 생활에 여유가 생기자 자신에게 시간과 노력을 들여 줌마렐라(아줌마 + 신데렐라)로 화려하게 변신하는 데 가장 큰 도움을 주는 것 역시 패션이기 때문입니다. 그래서 시중에 패션과 관련된 많은 책이 나와 있고 심지어 패션 전용 케이블 채널이 있을 만큼 많은 사람들이 패션에 큰 관심을 갖고 있습니다.

그러나 옷은 날개인 동시에 '과학'입니다. 아니 패션은 과학이어야 합니다. 높은 산꼭대기와 남극, 심지어 우주에서도 견딜 수 있

는 옷은 천연섬유만으로 도저히 만들 수 없습니다. 불과 총알을 막아 내며 사고를 당하면 목숨을 구해 주는 옷들은 하이테크 섬유로 만들어집니다. 외골격으로 만들어진 로봇 슈트도 있는데 이것은 장애인들의 활동 보조용이나 군사용입니다. 이러한 다양한 기능의 옷들을 만드는 데에는 과학 기술이 반드시 필요하기 때문에 '패션은 과학이다.'라고 말하는 것입니다.

그렇다고 이러한 특수 목적에 사용되는 옷에만 과학이 숨어 있다고 생각하면 큰 오산입니다. 우리는 과거 어느 시대에도 입어 보지 못한 많은 옷을 가지고 있습니다. 또한 우리 조상들이 함부로 입어 볼 수 없었던 다양한 색상의 옷들도 입고 있습니다. 천연섬유를 보다 저렴한 가격에 대량 생산할 수 있는 합성섬유가 없었다면 우리는 예전처럼 여전히 옷을 기워 입거나 낡은 옷을 그대로 입고 다녀야 할 것입니다. 또한 과학자들이 모브mauve와 같은 합성염료를 만들지 않았다면 오늘날처럼 화려한 옷은 등장하지 않았을 것입니다.

이제 옷에도 '천연 바람'이 불고 있습니다. 하지만 그렇다고 해서 옛날의 옷 생산방식으로 다시 돌아갈 수는 없을 것입니다. 유기농으로 면화를 재배하고 일일이 가내수공업으로 옷을 만들면 가격이 엄청 비싸지기 때문입니다. 천연 바람이 분다는 것은 건강과 환경에 대한 관심이 높아지면서 옷을 만드는 생산기술에도 자연의 지혜를 도입해야 한다는 뜻입니다. 이미 옥수수와 게 껍질 섬유가 등장했으며 대나무로 만든 옷과 침구 용품은 상당한 인기를 끌고 있습니다.

이렇게 패션 산업에는 갈수록 더 많은 과학 기술이 필요한 시대가 오고 있으며 디지털 기술 없이는 패션을 생각하기 어려울 만큼 많은 변화가 진행되고 있습니다. 아울러 미래에는 소비자가 곧 생산자가 될 수 있는 새로운 시스템의 생산방식이 등장하는 등 패션에 더욱 많은 변화가 예상됩니다. 그러므로 옷을 과학의 눈으로 바라볼 필요가 있는 것입니다.

　이 책을 준비하면서 저도 패션에 더 많은 관심을 갖게 되었습니다. 편안한 옷만 찾던 예전과 달리, 이제는 사회생활에서 패션이 차지하는 비중이 얼마나 큰지 새삼 느끼고 옷에 더 신경 쓰게 되었습니다. 아내가 백화점에 갔다 오고 나면 왜 기분이 좋아지는지도 조금 더 이해할 수 있게 되었습니다. 이젠 저도 기분이 우울할 때면 옷을 사러 가기도 합니다. 봄도 되고 했으니 새로운 스타일로 변신을 시도해 볼까 합니다. 여러분도 패션에 좀 더 많은 관심을 기울여 보세요. 세상이 새롭게 변화하는 것을 느낄 수 있을 것입니다.

2010년 봄
과학 엔터테이너 **최원석**
nettrek@chol.com

제1부 과학을 디자인하다

CONTENTS

 제2부 과학을 리폼하다

제3부 과학을 스타일링하다

제1부

과학을 디자인하다

1

인류 최초의 옷은 나뭇잎이었다

아담과 이브 그리고 원시인의 복장으로 알아보는 옷의 역사

사람들은 왜 옷을 입을까

등교 준비로 정신없는 아침 시간. 바쁜 와중에도 빼놓지 말아야 할 것이 있다면 무엇일까요? 세수나 아침 식사일까요? 물론 그것도 중요하기는 하지만 가장 중요한 것은 바로 '옷 입기'랍니다. 얼굴을 씻지 않으면 조금 지저분해 보일 수도 있고 아침을 먹지 않으면 공부할 때 힘이 나지 않을 수도 있습니다. 옷을 입지 않으면 어떨까요? 너무 바쁠 때에는 아침 식사나 세수를 거를 수도 있지만 옷 입기는 절대로 건너뛸 수 없습니다. 벌거벗고 학교에 간다고 상상해 보세요. 생각만 해도 끔찍하지요?

현대사회에서는 옷 입기가 꼭 필요한 일이지만 오래전 우리 조상들에게 옷 입기는 그리 중요한 일이 아니었습니다. 그렇다면 벌거벗은 우리의 조상들은 언제부터, 왜 옷을 입게 된 것일까요?

인류가 최초로 입었던 옷은 모피? 아니면 나뭇잎?

인류 최초의 옷은 무엇이었을까요? 대부분의 사람들은 영화 〈10,000BC〉에 등장하는 사람들이 입은 것처럼 당연히 동물 가죽일 것이라고 생각합니다. 하지만 동물 가죽이 최초의 옷이라는 구체적인 증거는 없습니다. 아직까지 남아 있는 의복의 흔적 중 가장 오래된 것은 이라크 야르모 근교에서 발견된 약 9,000년 전의 직물 자국입니다. 완전한 형태로 만들어진 의복은 아마로 만든 옷으로, 기원전 3000년경부터 입었을 것으로 추정되며 이집트 타르칸에서 그 흔적이 발견되었습니다.

이러한 흔적을 근거로 인간은 신석기 시대에 이미 직조 능력을 가지고 있었음을 알 수 있지만 최초의 의복이 무엇인지에 대한 궁금증은 여전히 풀리지 않습니다. 즉 최초의 의복은 과연 무엇이며 우리 조상들이 왜 그러한 옷을 입었는지 알기 어렵다는 것이지요.

인간이 옷을 입게 된 이유에 관한 여러 기설 중 혹독한 환경에 적응하기 위해 동물의 가죽을 걸친 것이 최초의 의복이라는 주장을 '환경적응 가설'이라고 합니다. 인간이 아프리카 초원에서 생활

아마
아마과의 한해살이풀. 줄기는 리넨linen과 같은 옷감으로 사용하고, 씨는 '아마인'이라고 하여 기름을 짜내 약재로도 쓴다. 아마는 열전도성이 좋고 촉감이 차가워 여름철 옷감으로 좋지만 구김이 잘 생기는 흠이 있다.

할 당시에는 의복이 필요하지 않았지만 추운 지역으로 활동 영역을 넓혀 가면서 몸을 따뜻하게 해 줄 것이 필요했습니다. 이때 동물 가죽이 추위를 막아 주는 좋은 역할을 했다는 것이 환경적응 가설의 주요 내용입니다. 존스홉킨스 대학의 나이트 던랩Knight Dunlap 교수는 열대 지방에서 동물의 털가죽이 곤충을 쫓는 역할을 했을 것이라고 주장하기도 합니다. 하지만 동물 가죽이 이렇게 장점만 많은 것은 아닙니다. 가죽을 잘못 관리했을 경우에는 기생충이 생겨 옷을 입으면 오히려 건강을 해칠 우려가 있습니다. 동물의 무거운 가죽으로 만든 옷을 입으면 행동하는 데 많은 제약이 있을 수도 있습니다. 따라서 가죽옷을 입는 것이 우리 조상들에게 그리 쉬운 일은 아니었을 것입니다. 또한 다른 동물과 마찬가지로 인류는 옷이 없어도 환경에 잘 적응해 왔기 때문에 추운 환경에 적응하기 위해 옷을 입기 시작했다는 환경적응 가설에는 문제가 있을 수 있습니다.

혹시 최초의 의복에 대한 기록이 담겨 있는 책이 전 세계적으로 유명한 베스트셀러라는 사실을 알고 있나요? 그 책은 바로 성경이랍니다. 창세기에 의하면 아담과 이브가 뱀의 유혹에 넘어가 무화과를 따 먹고 부끄러움을 알게 되면서 나뭇잎으로 몸을 가렸으며, 이를 알게 된 하나님이 그들에게 가죽옷을 입혀 에덴동산에서 내쫓았다고 합니다. 즉 수치심을 없애기 위해 나뭇잎으로 옷을 만들어 입었다는 것입니다. 바로 이 나뭇잎이 인류 최초의 옷이 되는 셈이지요. 성경뿐만 아니라 많은 문명에서 수치심을 없애기 위해 옷

인간이 처음으로 입은 옷은 무엇일까요? 아담과 이브가 입은 나뭇잎 옷? 부시맨이 입은 동물 가죽?

을 입는다는 것은 분명한 사실입니다. 하지만 수치심이라는 개념은 문명화된 사회에서 등장하는 것이므로 모두가 벌거벗은 원시사회에서 수치심 때문에 옷을 입기 시작했다고 보기는 어렵습니다.

이외에도 사신의 성적인 측면을 과시하기 위해서 의복이 능장했다는 '성욕설'이나 몸을 치장해 자기만족을 얻기 위해서 옷이 등장했다는 '자기만족설'도 있습니다. 그리고 동물의 가죽, 이빨, 뿔 등을 몸에 지니면 그 동물의 힘을 얻을 수 있다고 생각해서 의복과 장신구가 등장했다는 가설도 설득력이 있기는 합니다. 하지만 아쉽게도 이러한 가설 중 어느 것도 의복의 등장에 대해 명확하게 설명해 주지는 못합니다.

학자들은 대략 3만 년 전 크로마뇽인들이 빙하기에 추위를 이기기 위해 짐승의 털가죽을 몸에 걸친 것이 옷의 시초일 것이라고 추정하고 있습니다. 그리고 그 이후 의복에 장식적인 의미나 성적·종교적 의미가 부가된 것으로 보고 있습니다.

사람들은 왜 옷을 입을까

아쉽게도 인류가 언제부터 어떤 목적에서 옷을 입게 되었는지는 정확하게 알 수 없습니다. 하지만 우리가 왜 옷을 입는지는 생각해 볼 수 있습니다. 물론 옷을 입는 목적은 사람마다 또는 환경에 따라 조금씩 다를 수 있지만 크게 세 가지 이유를 들 수 있습니다.

첫째, 우리는 자신의 몸을 지키기 위해 옷을 입습니다. 우리 조상들은 추위나 더위 혹은 곤충이나 날카로운 나뭇가지로부터 몸을 지키기 위해서 옷을 입었습니다. 의복이 발달하면서 등장한 갑옷은 이러한 목적에 가장 충실한 옷이었다고 할 수 있습니다. 물론 이러한 목적은 크게 달라지지 않았습니다. 오늘날에는 햇빛이나 추위와 더위, 열을 피하고 충격으로부터 몸을 보호하기 위해 옷을 입습니다. 또한 방사선 같은 새로운 자극으로부터 몸을 지키기 위해 옷을 입기도 합니다.

둘째, 예의를 지키기 위해 옷을 입습니다. 결혼식이나 장례식과 같이 특별한 경우에는 때와 장소에 알맞은 옷을 입는 것이 관례입니다. 또한 옷을 입지 않고 외출하는 것은 법으로 금지되어 있습니다. 이러한 관례나 법은 사회가 확대되면서 사람들 사이에 예의를 지킬 필요성이 커졌기 때문입니다. 인간이 직립보행을 하고 집단생활을 시작하게 되면서 다른 동물과는 다르게 특이한 문제가 생겼는데 바로 자신의 성적인 부분이 남에게 쉽게 드러난다는 것이었습니다(옷을 벗고 사람들 앞에 섰다고 생각해 보세요. 어떤 문제가 생길까요?). 원시시대에는 이러한 것이 큰 문제가 되지는 않았지만 인구밀도가 높아지자 이를 규제할 필요가 생겼습니다. 그래서 대부분의 문화권에서 신체의 중요한 부분을 가리기 위해 의복이 발달하게 된 것입니다.

셋째, 인간은 자신을 표현하기 위해 옷을 입습니다. 앞의 두 가지 이유가 옷을 입는 근본적인 목적이기는 하지만 오늘날 의복이 이렇게 발달하게 된 가장 중요한 이유는 따로 있습니다. 바로 사람들이 자신을 표현하고 남에게 인정받기를 원하기 때문입니다. 법률로 엄격하게 의복을 규제하고 있었을 때에도 사람들은 다양한 옷을 입기를 원했고 심지어 이를 위해 목숨을 건 사람들도 있었습니다. 오늘날에도 미찬가지입니다. 사람들은 법이나 사회적인 통념이 허용하는 한도 내에서 다양한 의복을 입기를 원합니다. 교복을 예로 들어 볼까요? 학교에서 교칙으로 복장을 통제하지만 바지통이나 치마 길이를 줄여 다른 학생들보다 특별하게 보이길 원하는 친구들이 있습니다. 이는 남과 다른 옷을 입어 자신의 능력을 표현하고 싶어 하는 욕구 때문에 생기는 현상입니다. 교복을 변형하여 아슬아슬하게 교칙을 지키거나 아예 교칙의 범위를 넘으면 자신의 능력이 나타난다고 생각하는 것이겠죠.

리처드 도킨스는 유전자란 단순히 그 사람의 생물학적인 특징만을 나타내는 것이 아니라 문화에도 영향을 끼친다는 '확장된 표현형'을 주장했습니다. 다양한 의복이 등장하게 된 배경도 이와 같다고 할 수 있습니다. 옷을 잘 입는 것은 그 사람의 능력이 뛰어남을 표현하는 것이고 능력이 뛰어나면 더 많은 이성으로부터 선택받을 수 있는 기회가 생깁니다. 이는 마치 수컷 공작새의 화려한 깃털이 생존에는 전혀 도움이 되지 않는데도 불구하고 암컷에게 선택받기 위해서 발달한 것과 같다고 볼 수 있습니다. 찰스 다윈은 이러한 성 선택의 결과로 패션이나 미술이 등장했다고 생각했습니다. 그는 과거 대부분의 문화권에서 남성이 여성보다 더 많이 치장했던 것도 바로 이러한 이유 때문이라고 주장했습니다.

:: **리처드 도킨스** Richard Dawkins :: 가장 유명하고 대중적인 진화생물학자. 도킨스는 그의 저서 『이기적인 유전자』에서 밈meme이라는 용어를 도입해 진화에 대한 유전자 중심적 관점을 대담하게 펼쳐 세계적으로 유명해졌다. 이후 그의 책들은 대부분 세계적인 베스트셀러가 되었으며 그는 세계에서 가장 영향력 있는 과학 저술가가 되었다. 그 외 저서로는 『확장된 표현형』『눈먼 시계공』『만들어진 신』『지상 최대의 쇼』등이 있다.

:: 찰스 다윈 Charles Darwin **::**   영국에서 태어난 다윈은 어려서부터 딱정벌레를 잡거나 조개 껍질, 광물 등을 수집하는 것을 좋아했지만 공부에는 흥미가 없는 평범한 학생이었다. 열여섯 살이 되던 해에 의학 공부를 위해 에든버러 대학에 입학했지만 겁이 많은 다윈에게 의학은 적성에 맞지 않았다. 아버지는 다윈을 성직자로 만들기 위해 케임브리지 대학에 보냈으나 성서 공부보다는 딱 정벌레 잡기와 분류에 열중했다. 식물학자인 헨슬로 교수와 친하게 지내면서 다윈은 비글호(해군측 량선)에 탑승할 기회를 얻었고 『비글호 항해기』를 출간했다. 이후 다윈은 자신이 수집해 온 자료들 을 정리하여 논문을 발표하고 『종의 기원』을 출간한다. 『종의 기원』은 출간되자마자 종교계와 과학 계에 많은 논쟁을 불러일으켰다. 인간이 하나님에 의해 창조된 특별한 존재가 아닌 진화한 생물이 라는 엄청난 내용을 담고 있었기 때문이다.

2

옷이 황사 먼지도 막아 준다고

유해 환경으로부터 몸을 보호하는 옷

해로운 것은 내게 맡겨라

우리는 여름에는 강렬한 자외선에, 집 안과 사무실에서는 전자파에 노출됩니다. 황사와 각종 먼지, 화학물질, 세균 속에서 생활해야 할 때도 있습니다. 이렇게 우리 주변에는 유해 환경 요소가 많이 있지만 일일이 피해 다닐 수는 없습니다. 사실 우리 몸은 방어 체계가 잘 갖추어져 있기 때문에 대부분의 경우 크게 신경 쓸 필요는 없지만 유해한 환경에 장시간 노출될 경우 건강이 나빠질 수 있습니다. 따라서 이러한 위험 요소를 완전히 제거하지는 못하더라도 줄일 수만 있다면 건강에 많은 도움이 될 것입니다. 그렇다면 유해 환경으로부터 몸을 지킬 수 있는 방법에는 어떤 것이 있을까요?

세균 잡는 옷

지구의 주인이 인간이라고 생각한다면 이는 우리의 자만일지도 모릅니다. 인간이 문명을 개척하고 많은 동식물을 지배하고 있기는 하지만 여전히 우리와 대등한 위치에서 경쟁하고 있는 생물들이 있습니다. 바로 미생물들입니다. 미생물들은 개체 종류나 개체 수, 서식지 등 어느 하나 인간에 뒤지지 않습니다. 우리 몸만 생각하더라도 머리끝에서 발끝까지 미생물이 발견되지 않는 곳이 없으며 비듬에서 무좀에 이르기까지 세균과 관련된 질병의 수는 헤아릴 수 없을 만큼 많습니다. 이러한 세균을 옷의 항균 기능으로 모두 막을 수는 없지만 옷을 망가뜨리거나 옷에서 냄새를 나게 하는 일부 세균은 막아 낼 수 있습니다.

항균 소재는 세균의 재생 능력을 떨어뜨리거나 효소의 대사 기능을 마비시키고 세포막을 파괴시켜 균의 증식을 억제합니다. 이러한 항균 섬유는 섬유를 방사紡絲할 때 항균제를 넣어서 만들거나 섬유를 만든 후 항균제를 스프레이로 뿌려서 만듭니다. 항균제에 많이 사용되는 물질은 바로 '은'입니다. 은나노 세탁기나 은나노 가

공 등은 이러한 항균성을 이용한 것입니다. 최근 은나노 물질과 같
은 나노 물질 사용에 좀 더 신중해야 한다는 주장이 있기는 하지만
아직까지 구체적인 피해 사례가 발견되지는 않았습니다. 은 이외에
도 구리, 아연, 주석 등의 금속이 항균성 물질로 사용되기도 합니
다. 이러한 항균성 금속은 제올라이트zeolite라고 하는 규산염 광물
에 포함되어 섬유에 첨가됩니다. 제올라이트를 사용하는 이유는
제올라이트가 다공성(물질의 내부나 표면에 작은 구멍이 많이 있는
성질) 물질이라 표면적이 넓기 때문입니다. 즉 항균제가 세균을 죽
이기 위해서는 세균과 접촉해야 하는데 표면적이 넓으면 그만큼 접
촉할 기회가 많아져 세균의 증식을 효과적으로 막을 수 있습니다.

이외에도 최근에는 웰빙 바람을 타고 천연 항균제도 많이 사용되
고 있습니다. 게 껍질에서 추출한 키토산이나 향나무와 측백나무에
서 얻어 낸 히노키티올hinokitiol이 바로 그러한 물질입니다. 천연 항
균제는 금속이나 유기실리콘에 비해 안전할 것이라는 이미지 때문
에 많이 이용되고 있습니다. 한국원사직물시험연구원에서 보증하
는 항균방취마크(SF마크)는 항균 제품을 공식적으로 인증하는 표
시이므로 SF마크를 확인해서 옷을 고르면 더욱 좋습니다.

자외선을 차단하라

태양으로부터 오는 빛에는 우리 눈에 보이는 가시광선도 있지만,
눈에 보이지 않은 적외선과 자외선도 존재합니다. 가시광선보다 파

제올라이트
알루미늄 산화물과 규산
산화물의 결합으로 생겨난
결정질 알루미늄 규산염
광물. 미세한 구멍이 있어
가열하면 수증기가 나오기
때문에 '끓는 돌'이라는 의
미의 제올라이트라는 이름
이 붙여졌다.

히노키티올
측백나무나 향나무의 정유
精油에 포함되어 있는 방향
성 물질. 항균성이 있어 천
연식품 보존재로 사용되며
여드름, 탈모 치료에도 효
능이 있는 것으로 알려져
있다.

유기실리콘
탄소와 결합한 규소 화합
물. 유기 규소 화합물은 '실
리콘'이라고 부르는데, 우
리가 흔히 아는 규소의 원
소명인 실리콘silicon과 발
음이 같기 때문에 착각하
는 경우가 종종 생긴다. 유
기실리콘은 목욕탕의 방수
고무제로도 사용되며 고
무, 수지 등 다양한 형태로
만들어질 수 있다.

장이 긴 적외선은 '열선'이라 불리기도 하며 열작용을 합니다. 가시광선보다 파장이 짧은 자외선은 살균 작용을 하는데, 파장이 짧을수록 더 많은 복사에너지를 가지고 있습니다. 이 경우 DNA의 수소 결합을 끊어 세포를 죽이거나 돌연변이를 일으킵니다. 따라서 자외선은 세균을 죽이는 고마운 광선이기도 하지만 너무 많이 쬘 경우 피부 노화는 물론 피부암을 유발할 수도 있습니다. 그러므로 야외 활동이 많은 여름에는 자외선 차단제를 꼭 발라야 합니다. 하지만 자외선 차단제를 바르는 것이 좋은 것인지에 대해서는 이견이 있습니다.

서양의 경우 해변에서 선탠을 할 때 자외선 차단제를 열심히 바르는 사람이 많지만 피부암 환자는 오히려 증가하고 있기 때문입니다. 이는 자외선 차단제를 너무 믿고 장시간 동안 많은 햇볕을 쬐었기 때문일 수도 있고 화학물질인 차단제를 피부에 너무 많이 발랐기 때문일 수도 있습니다.

그렇다면 여름에 바닷가에 놀러갔을 때 자외선 차단제를 바르지 말아야 하는 것은 아닐까요? 물론 그렇지는 않습니다. 자외선을 차단하지 않으면 분명 피부 손상으로 인한 피부 노화가 생기기 때문입니다. 단지 자외선 차단제를 너무 믿고 괴용히지 말라는 것입니다. 넓은 창이 있는 모자를 쓰고 자외선 차단 소재로 된 긴 옷을 입는 것이 자외선 차단에는 훨씬 효과적이랍니다.

자외선 차단에 가장 좋은 방법은 두꺼운 옷을 입는 것입니다. 하지만 자외선이 진짜 문제가 되는 여름에는 두꺼운 옷을 입을 수 없

여름철 바닷가에 놀러 갔을 때 챙이 넓은 모자를 쓰고 몸을 가려 주는 옷을 입으면 자외선 차단에 더욱 효과적입니다.

습니다. 따라서 여름에는 얇으면서도 자외선 차단이 잘되는 소재로 만든 옷을 입는 것이 좋습니다. 자외선 차단 소재는 자외선을 흡수 하거나 반사시켜 자외선이 피부에 직접 닿는 것을 줄여 주는 것을 말합니다. 그리고 이러한 특성과 함께 독성도 없어야 합니다. 여기 에 착용감과 내구성이 더해지면 금상첨화입니다.

자외선은 파장에 따라 UV-A, UV-B, UV-C 등으로 구분합 니다. 이중에서 파장이 짧은 UV-C는 오존층에 흡수되어 지상에는 거의 도달하지 못합니다. 따라서 자외선 차단 소재는 UV-A와 UV-B 영역인 파장 300~400나노미터의 자외선을 90퍼센트 이상 차단하는 것을 조건으로 합니다. 자외선을 반사시키는 물질에는 산화아연, 이산화티타늄, 고령토, 탄산칼슘, 활석 등이 있습니다. 이 중 가장 널리 사용되는 것은 이산화티타늄입니다. 이산화티타늄은 선크림에 사용되는 물질로, 이산화티타늄 처리를 한 섬유는 자외선을 92퍼센트나 차단할 수 있습니다. 또한 자외선 차단 소재는 가시광선과 적외선을 반사시켜 옷 내부의 온도를 떨어뜨리기 때문에 여름철 쿨 섬유로 안성맞춤입니다.

정전기와 전자파

전기는 현대 문명을 유지하는 데 없어서는 안 될 중요한 에너지입니다. 하지만 이렇게 편리한 전기도 때로는 불편함과 불쾌감을 주며, 심지어 대형 사고를 일으키기도 합니다. 일상생활에서 일어나는 전기 피해는 주로 정전기에 의해 일어납니다. 일상생활에서는 정전기와 마찰전기를 거의 같은 의미로 사용하는데, 이는 정전기가 두 물체 사이의 마찰에 의해 자주 빌생하기 때문입니다. 득히 내부분의 옷은 정전기를 잘 발생시키기 때문에 옷을 만들 때 정전지 방지 가공이 필요합니다.

정전기는 두 물체 사이의 마찰에 의해 전자가 이동하면서 발생합니다. 두 물체를 마찰시켰을 때 전자를 잃기 쉬운 물체는 양전기로

산화아연
ZnO. 탄산아연의 열분해로 만든다. 페인트, 도료, 요업과 약용으로 사용된다.

이산화티타늄
TiO_2. 백색 분말로 흰색 페인트의 안료나 화장품, 물감, 도자기 등에 사용된다. 사탕의 흰색 가루나 식품 색소의 색을 파스텔 톤으로 낼 때도 사용된다. 수정액의 원료이기도 하다.

탄산칼슘
$CaCO_3$. 자연계에 존재하는 염 중 가장 풍부하다. 대리석이나 석회석의 구성 성분으로 유리, 시멘트를 만드는 데 필수적인 재료이다.

활석
$Mg_3(OH)_2Si_4O_{10}$. 모스 경도에서 가장 무른 암석으로 손톱에 긁힐 정도로 무르다. 가루로 만들어 베이비파우더나 화장품에 사용되고 있다. 화장품에 사용하는 것이 안전하다고 하지만 일부 연구자들은 암 발생 우려가 있다고 주장하기도 한다.

양전기
원자핵의 양성자가 가지고 있는 전기이며 부호는 (+)로 표시한다.

음전기
전자가 가지고 있는 전기
이며 (−) 부호로 표시한다.

대전되고 전자를 잃기 어려운 물체는 음전기로 대전됩니다. 이렇게 물체 사이에서 전자를 잃고 얻는 것을 '대전열'이라고 합니다. 양모의 경우에는 전자를 잃기 쉬워 양전기로 대전되며 폴리에스테르의 경우에는 음전기로 잘 대전됩니다. 특히 겨울철에 정전기가 문제가 되는 것은 겨울철 옷감인 양모나 합성섬유들이 대전이 잘되기 때문입니다.

겨울철에는 습도가 낮고 건조해 정전기가 잘 모입니다. 정전기를 방지하기 위해서는 전자가 이동하면서 쌓이지 않도록 전자를 신속하게 공기 중으로 흩어지게 하는 방법을 사용해야 합니다. 폴리에틸렌글리콜 Polyethylene Glycol, PEG과 같이 물과 친화성이 있는 고분자를 사용하여 옷을 만들면 전자의 흐름을 원활하게 하여 대전되는 것을 막을 수 있습니다.

폴리에틸렌글리콜
물과 친한 성질이 있어 로션이나 크림 등에 사용된다. 최근에는 인공심장과 약 캡슐의 재료에 관한 연구가 발표되는 등 의학적 용도로도 활용되고 있다.

전기기기의 사용에 따른 또 다른 문제는 바로 전자파입니다. 우리는 수많은 전기기기들에 둘러싸여 있고 이러한 기기들은 모두 전자파를 방출합니다. 아직 전자파가 인체에 어느 정도로 해로운지에 대한 명확한 기준이 설정되어 있지는 않지만 전자파가 유해하다는 연구는 너무나 많습니다. 하지만 전자파가 꼭 해로운 광선만을 지칭하는 것은 아닙니다.

전자파는 전자기파라고도 하는데, 빛이나 적외선, 자외선, 전파모두 전자기파에 속합니다. 이들은 전기장과 자기장이 동시에 형성되어 공간상에 전파되기 때문에 전자기파라고 부르는 것입니다. 즉 전기장의 변화는 자기장의 변화를 형성하며, 자기장의 변화는 전기장의 변화를 유도합니다. 따라서 전자기파는 주기적으로 전기장과 자기장이 변화하면서 발생하는 파동인 것입니다.

전자파를 막기 위해서는 전기가 잘 통하지 않는 금속이나 탄소섬유를 이용해야 합니다. 이러한 소재를 섬유 표면에 부착시키면 전자파를 막을 수 있지만 대부분의 경우 전자파는 큰 문제가 되지 않습니다. 주로 특별한 보호가 필요한 임신부나 전산작업이 많은 사람들이 전자파 차단제를 사용한 앞치마나 조끼를 입는답니다. 일상생활에서 전자파를 피하려는 노력은 필요하지만 그렇다고 너무 두려워할 필요는 없습니다.

탄소섬유
탄소 성분이 95퍼센트 이상인 섬유로 에디슨이 전등의 필라멘트를 발명할 때 대나무를 태워서 만든 것이 처음으로 널리 알려졌다. 탄소섬유는 가벼우면서도 강도와 탄성률이 커 항공기 부품, 스포츠 용품, 악기, 인공관절 등의 재료로 널리 사용되고 있다.

3

실이 없으면 옷도 없다

실로 알아보는 섬유의 미래

나를 그냥 실로만 생각한다면 오해!

옷감을 만드는 데 사용되는 실은 임금님의 용포를 만들 때 사용했던 금실부터 색동저고리를 만들 때 사용하는 다양한 색상의 실, 십자수를 놓을 때 사용하는 실, 니트를 짤 때 사용하는 털실까지 참으로 다양합니다. 하지만 우리는 실이 단지 옷을 만드는 데 사용된다고 생각할 뿐, 실에도 첨단 기술이 숨어 있다고는 생각하지 않습니다. 대개 실은 전통적인 기술 방식으로 생산된다고 생각하기 때문입니다.

실과 비슷한 섬유를 떠올려 보세요. 오늘 혹시 섬유를 먹거나 마시지는 않았나요? 아니면 섬유로 만든 필터로 여과된 물을 마시지는 않았는지요? 이처럼 섬유는 옷감을 짤 때만 사용되는 것이 아니라 다양한 곳에 쓰입니다.

최근에는 첨단 기술이 접목되어 새로운 섬유들이 많이 만들어지고 있습니다. 과연 어떤 섬유들이 만들어지고 있을까요?

섬유 없는 세상은 존재할 수 없다

물리학의 첨단이론 중 하나인 '초끈이론'에 대해 들어 보셨나요? 초끈이론을 연구하는 학자들은 우주가 초끈이라는 아주 가느다란 끈으로 이루어져 있다고 말합니다. 이 이론을 알지 못하는 사람들은 세상 모든 만물이 원자로 이루어져 있다고 생각할지도 모르겠습니다. 물론 맞는 이야기입니다. 세상 모든 물질은 분명 원자로 이루어져 있습니다. 하지만 궁극의 물질이라고 생각했던 원자는 원자핵과 전자로, 원자핵은 양성자와 중성자로 구성된다는 것이 밝혀지면서 많은 물리학자들은 깜짝 놀랐습니다.

이후 물리학자들은 물질의 최소 단위를 찾기 위해 노력했고 드디어 우주가 끈으로 이루어졌을 것이라는 이론이 등장하게 되었습니다. 물론 지금 이야기한 초끈은 섬유의 끈과 진혀 다른 것이지만 끈이 그만큼 세상을 이루는 기본적인 물질의 모임이라 것을 말하고 싶어 초끈이론을 이야기했습니다.

우리의 몸은 머리카락, 근섬유, 신경섬유 등 많은 섬유 조직으로 구성되어 있습니다. 그렇기 때문에 인공혈관이나 봉합사 등 섬유로

초끈이론
우주를 구성하는 모든 물질이 끊임없이 진동하는 끈으로 이루어져 있다는 이론. 거시적 세계를 설명하는 상대성이론과 미시적 세계를 설명하는 양자역학을 결합하기 위한 노력에서 탄생했다. 1980년대에 처음 나온 이론이지만 아직 실험으로는 증명되지 않았으며, 실험이 불가능할 수도 있어 이 이론을 회의적으로 보는 시각도 있다.

근섬유
근육 조직을 구성하는 수축성을 가진 섬유상 세포.

신경섬유
신경세포에서 뻗은 가는 돌기.

봉합사
상처나 짼 부위를 꿰매는데 쓰는 실. 양, 돼지, 말 등 짐승의 창자나 힘줄, 말총, 금속, 견사, 나일론 등의 합성 물질로 만든다. 수술 후 자연 분해되어 몸에 흡수되는 흡수성 봉합사와 인공혈관의 봉합에 사용되는 비흡수성 봉합사가 있다.

이루어진 것을 수술할 때에 사용할 수 있는 것입니다. DNA도 이중나선구조라고 하는 실타래 모양으로 생겼답니다. 식물은 우리 몸보다 섬유와 더욱 많은 관련이 있습니다. 식물의 잎이나 줄기를 찢으면 실 모양으로 가늘게 찢어지는 것을 볼 수 있는데, 이는 식물이 섬유로 이루어져 있기 때문입니다. 이 섬유로 우리는 종이나 옷을 만들기도 합니다. 또한 이 섬유들 중 일부를 '식이섬유'라 부르며 먹기도 하지요. 우리가 흔히 '질기다'라고 표현하는 많은 것들은 섬유와 관련되어 있다고 볼 수 있습니다.

옷을 만드는 데 쓰이는 섬유도 DNA와 같은 나선구조로 생겼습니다.

팔방미인 하이테크 섬유

자연을 구성하는 물질들은 왜 섬유 형태를 이루고 있을까요? DNA는 기본적으로 꼬여 있는 실타래 모양인데, 이것이 풀리면서 복제가 일어나기 때문에 생물체들은 조직 자체가 섬유화될 수밖에 없습니다. 그래서 생물체들이 부서지는 것이 아니라 찢어지는 경우가 많은 것이죠. 이렇게 섬유화된 생물체들은 결정 구조를 가진 무기물보다 약할 것 같지만, 생각보다 튼튼합니다.

거미줄을 떠올려 보세요. 거미줄의 섬유는 같은 단면적의 강철보다 강도가 셉니다. 이를 본떠서 방탄복이나 낙하산 줄을 만들고 있으니 거미줄 섬유가 얼마나 강한지 상상할 수 있겠지요? 하지만 거미줄 섬유는 전통적인 섬유 생산방식으로는 얻을 수 없습니다. 거미줄 섬유를 만들기 위해서는 새로운 기술이 필요합니다. 이와 같이 전통적인 섬유 생산방식이 아닌 새로운 기술에 의해 생산된 첨단 섬유를 '하이테크 섬유'라고 합니다.

하이테크 섬유에는 섬유의 일반적인 성질을 향상시킨 고성능 섬유부터 다양한 기능을 지닌 고기능성 섬유, 기존에 없던 촉감을 가진 고감성 섬유 등이 있습니다. 이러한 섬유를 생산하기 위해서는 정보기술, 생명공학기술, 나노기술, 환경기술, 우주항공기술 등 첨단 기술의 도입이 필요합니다. 정보기술과 섬유기술의 접목으로 광섬유와 전자파 방지 섬유가 탄생하였고 생명공학기술과의 결합으로 키토산 섬유나 콜라겐 섬유가 만들어졌습니다. 특히 웰빙 바람을 타고 건강에 관심을 갖는 소비자들이 증가하고 있기 때문에 생명공학기술을 도입한 건강 섬유도 하루 빨리 만들어져야 할 것입니다. 이뿐만 아니라 나노기술의 도움으로 초극세사를 만들거나 땀 냄새를 제거할 수 있는 폴리에스테르 섬유와 고기능성 섬유도 생산되고 있습니다. 섬유는 환경문제 해결에도 핵심적인 역할을 합니다. 정수기 필터나 폐수를 정화하기 위한 필터뿐만 아니라 청소기나 자동차 필터도 모두 섬유로 만들어집니다.

섬유의 제왕 슈퍼 섬유

우주항공기술 분야에서는 항공기나 우주선을 제작할 때 탄소섬유나 아라미드 섬유와 같은 하이테크 섬유를 사용하게 됩니다. 이런 섬유는 가볍고 튼튼하기 때문에 항공기 제작에 많이 사용됩니다. 탄소섬유나 아라미드 섬유 등은 전통적인 섬유보다 가볍지만 튼튼합니다. 이와 같이 기존 섬유보다 훨씬 강한 섬유를 '슈퍼 섬유'라고 합니다.

탄소섬유는 비행기 날개와 내부 등에 많이 사용됩니다. 1996년부터 항공기 제작에 사용되기 시작해 이제 보잉 777기 한 대에 13.5톤이 사용될 만큼 중요한 소재로 자리 잡았습니다. 탄소섬유는 가볍고 튼튼하기 때문에 무게를 줄이는 일이 중요한 항공 산업에 꼭 필요한 재료로 다양하게 사용되고 있습니다.

탄소섬유의 가볍고 튼튼한 성질은 항공기 제작에만 필요한 것이 아닙니다. 널리 알려진 것처럼 테니스 라켓이나 골프채의 손잡이,

아라미드 섬유
5밀리미터 정도 굵기의 가느다란 실이지만, 2톤 자동차를 들어올릴 수 있을 정도로 강도가 크고, 불에 잘 타거나 녹지 않는 등 내열성이 우수하다. 이런 장점 때문에 군사 분야와 우주항공 분야에 많이 쓰인다. 방탄 재킷이나 방탄 헬멧 등을 만드는 데 알맞은 소재이다.

스키 등 스포츠 분야에도 탄소섬유는 폭넓게 사용되고 있습니다. 또 다른 슈퍼 섬유인 아라미드 섬유는 자동차 타이어를 만드는 데 사용되고 있습니다. 슈퍼 섬유는 건축에도 중요한 역할을 하고 있는데, 건축용 철근과 복합재나 철근을 대체하는 용도로 사용되고 있습니다. 철근 대체 재료로는 부식에 강한 아라미드 섬유나 섬유 보강 콘크리트가 있습니다.

하지만 가장 널리 알려진 슈퍼 섬유는 바로 케블라Kevlar일 것입니다. 아라미드 섬유의 일종인 케블라는 1950년 듀폰 사에서 처음 만든 것으로 나일론에 견줄 수 있을 만큼 놀라운 섬유로 평가되고 있습니다. 케블라는 고강력 섬유로 강도·탄성·진동 흡수력이 뛰어나 보강재나 방탄재 등으로 사용합니다. 케블라는 특히 방탄복 재료로 유명하지만 사실 높은 강도가 필요한 곳이면 어느 곳이든 사용 가능합니다.

1996년 발사된 미국의 무인 화성 탐사선 패스파인더 호Pathfinder는 최초로 에어백을 사용하여 화성 착륙에 성공합니다. 그런데 이 에어백에는 벡트란Vectran이라는 섬유가 사용되었습니다. 벡트란은 케블라보다 내구성이 뛰어나다는 평가를 받고 있는 슈퍼 섬유로 이미 방탄복에 널리 사용되고 있습니다. 벡트란은 뛰어난 내구성을 가지고 있지만 나일론보다 훨씬 가볍습니다. 이러한 특성을 이용해 국내의 한 기업에서는 거대한 비행선을 350미터 높이에 띄워 풍력 발전을 하는 데 벡트란을 사용하기도 했습니다. 전선을 벡트란으로 감싸 비행선에 묶는 줄로 사용하여 줄이 쉽게 끊어지는 것을 방

패스파인더 호
1996년 12월 4일 발사되어 1997년 7월 4일 약 1억 9,100만 킬로미터를 비행한 끝에 화성에 도착하였다. 패스파인더 호는 약 두 달가량 활동하면서 화성에 물이 존재하였다는 사실과, 화성의 지각변동 가능성을 예측하였다.

지한 것입니다. 이와 같이 슈퍼 섬유는 활용도에 있어서도 이미 슈퍼스타라고 할 만큼 다양하게 사용되고 있습니다.

4
옷만 잘 입으면 달라 보인다고
뚱녀도 S라인으로 만드는 옷의 착시 효과

거지를 왕자로 만든 비결

『왕자와 거지』가 주는 교훈은 무엇일까요? 단지 옷을 바꿔 입었을 뿐인데 왕자와 거지의 신분이 뒤바뀌는 이야기를 통해서 '외모만 보고 그 사람을 판단해서는 안 된다.'라는 교훈을 얻을 수 있습니다. 최근 인기를 끌었던 〈아내의 유혹〉이라는 드라마를 볼까요? 평소 집에서 성실하게 살림을 하던 아내가 남편에게 배신당하고 자기를 죽이려고 했던 남편 앞에 몬테크리스토 백작처럼 화려하게 등장합니다. 얼굴에 점만 하나 찍고 화려한 옷을 걸쳤을 뿐인데 가족들은 그녀를 알아보지 못합니다. 이러한 일이 가능했던 것은 모두 원래의 처지나 신분과 다르게 새로운 신분을 상징하는 옷을 입었기 때문입니다.

'옷이 날개다'라는 말이 있을 정도로 옷은 이미지 형성에 중요한 역할을 합니다. 그렇다면 옷이 어떻게 날개 역할을 하는 것일까요?

첫인상이 모든 것을 좌우한다

'사람을 판단하는 첫 번째 기준은 첫인상'이라고 말하는 사람들이 있습니다. 그래서 그들은 면접이나 미팅을 할 때 상대방에게 좋은 첫인상을 주려고 노력합니다. 하지만 어떤 사람은 첫인상에 많이 속았기 때문에 첫인상 따위는 믿지 않는다고 말합니다. 첫인상에 대한 사람들의 생각은 조금씩 다르겠지만 분명한 것은 첫인상이 대인관계에 많은 영향을 준다는 것입니다. 예쁜 사람이 법정에서 낮은 형량을 받고, 예쁜 학생이 높은 평가 점수를 얻었다는 연구도 많이 발표되고 있습니다. 따라서 좋은 첫인상을 주기 위해서는 패션에도 신경을 많이 써야 합니다.

첫인상에 영향을 주는 것으로 얼굴뿐만 아니라 헤어스타일이나 화장, 옷차림, 냄새 등이 있습니다. 이러한 여러 가지 요소들이 모여 그 사람의 이미지를 만들어 냅니다. 우리가 자신만의 스타일을 고집하는 것은 자아 이미지에 맞춰 옷을 고르기 때문입니다. 이러한 이미지는 고정된 것이 아니며 타인의 평가에 의해 바뀌기도 합니다. 드라마 〈아내의 유혹〉에서 살림밖에 모르던 구은재가 미용

실에서 일하게 되면서 화려하게 변하는 것은 단지 패션뿐만 아니라 그 사람의 이미지도 변했다는 것을 알려 줍니다.

옷을 살 때 우리는 옷은 물론이고 그 옷이 주는 이미지까지 구입합니다. 그렇기 때문에 마네킹이 입었을 때에는 멋지게 보이던 옷이 자신에게 어울리지 않는 일이 빈번하게 발생하게 됩니다. 드라마 〈베토벤 바이러스〉에서 많은 인기를 얻은 강마에의 '마에스트로 룩'은 새롭게 출시된 제품이 아닙니다. 드라마가 인기를 끌면서 사람들이 강마에의 이미지를 이상적인 이미지로 평가하면서 엄청나게 인기 있는 패션 아이템이 된 것입니다.

여러분도 자신을 바꾸고 싶다면 새로운 패션에 도전할 필요가 있습니다. 내가 원하는 이미지를 그려 보고 새로운 옷으로 나만의 스타일을 연출해 보세요.

옷은 원래 착시 효과를 노린 것이다

영화 〈13인의 무사〉를 보면 곰 가죽을 쓰고 공격해 오는 적들에게 공포를 느끼는 병사들이 등장합니다. 실제로 곰이 공격한 것이 아닌데도 곰 복장은 공격하는 사람이나 공격을 받는 사람 모두에게 똑같이 효과를 발휘했습니다. 또 다른 영화 〈악마는 프라다를 입는다〉의 주인공은 스타일을 바꾸면서 평범한 시골뜨기가 아닌 커리어 우먼으로 화려하게 변신합니다. 이처럼 옷은 사람을 전혀 다른 모습으로 변하게 만듭니다. 옷을 입어서 본모습을 가리거나 과장할 수 있는 것입니다.

우리가 가장 흔하게 사용하는 스타일법은 바로 착시 현상을 이용하는 것입니다. 사람들은 눈으로 사물을 본다고 생각하지만 사실은 뇌로 사물을 인식합니다. 따라서 같은 사물을 보더라도 모두가 동일하게 보지는 않습니다. 이렇게 눈에 맺힌 상을 뇌에서 판단하는 과정에서 왜곡이 일어나기도 하는데, 이런 현상을 '착시'라고 합니다.

디자인이 잘된 옷은 이러한 착시 현상을 이용해서 일반적인 체형을 모델처럼 멋진 체형으로 보이도록 만들어 줍니다. 유명한 디자이너 가브리엘 샤넬G. Chanel은 "패션은 건축이다. 패션은 비례의 문제이다."라는 말을 했다고 합니다. 패션은 평범한 몸을 황금비율에 가깝게 보이도록 만드는 작업이라고 해도 과언이 아니라는 것입니다. 즉 상의와 하의의 비율이 2 대 3이나 3 대 5가 되도록 옷을 입어야 보기에 좋다는 얘기입니다.

신발 굽을 덮는 기다란 판타롱 바지는 시선이 바지 끝단까지 따라 내려가면서 다리가 실제보다 길어 보이도록 만들어 줍니다. 벨트를 어디에 매는지에 따라서도 다리 길이가 달라 보일 수 있습니다. 허리가 길고 다리가 짧은 사람의 경우에는 골반 바지를 입는 것보다는 벨트를 조금 높게 매면 다리가 더 길어 보입니다. 원래 골반 바지는 허리가 짧은 서양인의 체형에 맞게 만들어진 옷이므로 무조건 그들을 따라한다고 좋을 것은 없습니다.

많은 사람들이 가로 줄무늬 옷을 입으면 뚱뚱하게 보인다고 알고 있지만 꼭 그렇지만은 않습니다. 가로 줄무늬가 많은 옷을 입으면 오히려 몸이 길어 보일 때도 있습니다. 세로 줄무늬라고 무조건 날씬해 보이는 것도 아닙니다. 사선 무늬 옷을 입을 경우에는 경사도가 큰 것이 몸을 더 길어 보이게 하는 역할을 합니다.

검정색 옷을 입으면 흰색 옷을 입을 때보다 몸이 작아 보입니다. 그래서 빈약한 사람의 경우 밝은 색을, 체형이 큰 경우에는 검정색 계열의 옷을 입는 것이 좋다고 하는 것입니다. 바둑돌은 모두 같은

옷을 입을 때에는 비율을 생각해야 합니다. 소품을 활용하거나 날씬해 보이는 옷을 입으면 패션 센스 만점인 멋쟁이가 될 수 있답니다.

크기로 보이지만 실제로는 검정색 돌이 조금 더 크게 만들어진다고 합니다. 그래야 흰색 돌과 같은 크기로 보이기 때문이죠. 검정색 스타킹을 신으면 다리가 더 날씬하게 보이는 이유를 아시겠죠?

이와 같이 흔히 알려진 착시 효과 외에 아예 속이려고 작정한 패션도 있습니다. 바로 '페이크fake 패션'이라는 것입니다 페이크 패션은 실제로는 한 벌인데 옷깃에 다른 천을 덧대어 마치 두 벌을 입고 있는 것처럼 보이게 하는 옷을 말합니다.

이렇게 옷의 착시 효과를 잘 이용하면 신체적인 결점을 커버할 수 있습니다. 하지만 옷의 착시 효과만 믿고 자신의 체형에 맞지 않는 옷을 입는 것은 좋지 않습니다. 진정한 멋쟁이는 자신의 몸에 가장 잘 어울리는 옷을 입는다는 사실을 잊지 마세요.

색과 패션

각종 영화제에 등장하는 레드카펫은 붉은색이 어떤 이미지를 나타내는지 잘 말해 줍니다. 붉은색은 권위와 화려함을 상징하는 색으로 과거에는 황제와 고위 성직자만의 색이었습니다. 산타클로스가 입는 붉은색 복장 또한 원래 성직자였던 성 니콜라스 주교가 입었던 옷에서 따온 것이랍니다. 그렇다면 붉은색은 단지 권위와 신분만 상징하는 것일까요?

2002년 우리나라를 뜨겁게 만들었던 것은 단연 월드컵이었을 것입니다. 한국 축구의 신화를 창조하며 그라운드에서 열심히 뛰어

준 우리 선수들도 자랑스럽지만 이에 못지않은 응원단의 열기 또한 대단했습니다. 이때 입었던 붉은색 티셔츠 때문에 응원단은 '붉은 악마'라는 별칭으로 불리기도 합니다. 레드카펫의 붉은색이 화려함을 나타내는 것이라면, 붉은 악마의 붉은색은 정열을 나타냅니다. 실제 붉은색은 사람의 욕구를 자극해 아드레날린을 방출하기도 합니다. 그래서 붉은색은 전쟁을 상징하는 색이 되기도 한답니다.

검정색 옷은 우리나라의 경우 저승사자의 복장을 상징하며, 서양에서는 검은 옷을 상복으로 입는 등 검정색은 죽음을 상징합니다. 또한 블랙리스트나 흑심, 검은손 등과 같이 좋지 않은 이미지를 상징하는 데 사용되기도 합니다. 하지만 검정색은 판사와 심판의 색으로 권위를 상징하며 고급 승용차에서 볼 수 있듯이 우아함의 상징이기도 합니다. 이와 같은 상반된 이미지는 검정색의 태생적 숙명입니다.

자연에는 수많은 색이 존재하지만 검정색이라는 색은 실제로 존재하지 않습니다. 색은 빛의 흡수와 반사에 의한 것인데 검정색은 아무런 빛도 반사하지 않기 때문입니다. 하지만 현대 물리학에서 밝혀낸 바에 의하면 칠흑같이 어두운 우주가 아무것도 없음을 의미하는 것은 아니라고 합니다. 오늘날에는 무수히 많은 입자들이 탄생했다 사라지는 혼돈의 공간이 바로 우주라고 여깁니다. 그래서 검정색은 죽음을 상징하지만 새로운 탄생을 의미하기도 한답니다.

노란색은 아이를 상징하는 색으로 널리 사용됩니다. 이는 노란색이 보호 본능을 불러일으키는 색이기 때문입니다. 노란색은 아이들이 가장 좋아하는 색이기도 합니다. 어린아이들의 옷이나 물건들을 보면 노란색뿐 아니라 알록달록한 색들이 많은 것을 느낄 수 있습니다. 아이들의 옷이나 장난감이 알록달록한 것은 아이들이 모양보다 색채 감각을 우선시하기 때문입니다. 심리학자 데이비드 카츠David Katz의 실험에 의하면 아이들은 빨간색 원반과 똑같은 물건으로 노란색 원반이 아닌 빨간 삼각형을 골랐다고 합니다. '세상을 움직이는 컬러'라는 말이 있듯이 옷이나 상품을 디자인하는 데 있어서 색은 매우 중요한 요소임이 틀림없습니다.

마녀킹이 입은 옷은 왜 다 예뻐 보일까

우리가 모르는 백화점의 비밀, 패션 디스플레이

환상 속의 그대

백화점에 가는 사람들은 모두 백화점에서 옷을 살까요? 그렇지는 않을 것입니다. 많은 사람들이 '아이쇼핑'을 하기 위해 백화점에 갑니다. 사람들은 시장에 비슷한 스타일의 옷이 있더라도 일부러 백화점에 들러서 옷을 구경합니다. 그리고 지름신의 참을 수 없는 유혹에 빠져 원래 계획과 다른 옷을 사기도 합니다. 이는 시장의 조그마한 옷가게보다 백화점의 물건에 더 신뢰가 가기 때문만은 아닐 것입니다.

동대문 시장에 산처럼 쌓여 있는 옷 더미에서 원하는 옷을 찾는 것과 백화점에서 옷을 고르는 것에는 분명 차이가 있습니다. 이 차이란 과연 무엇일까요? 백화점은 어떻게 고객을 끌어들이는 것일까요?

팔고 싶다면 사고 싶게 만들어라

너무나 당연한 이야기이지만 모든 의류회사들은 옷을 팔아 수익을 내기 위해 옷을 만듭니다. 더 많은 옷을 팔기 위해서 광고를 하고, 패션쇼와 같은 다양한 판촉활동을 통해 고객에게 자신의 제품을 알려야 합니다.

물건을 팔기 위한 이러한 활동을 '머천다이징Merchandising'이라고 하는데, 흔히 '마케팅Marketing'이라고 부르기도 합니다. 다양한 마케팅 활동은 판매에 많은 영향을 주기 때문에 기업에서는 광고나 패션쇼를 위해 많은 투자를 아끼지 않습니다. 하지만 진짜 중요한 일은 고객과 직접 만나는 장소인 매장에서 일어납니다.

아무리 광고에서 화려하게 보였더라도 매장에서 외면당하면 아무 소용없게 되는 것이죠. 그래서 매장에서는 상품 진열에 많은 신경을 쓰게 되는데 같은 물건이라도 어떻게 진열하느냐에 따라 매상에 많은 차이가 납니다. 즉 진열이란 단순히 예쁘게 전시하는 것을 의미하는 것이 아니라 하나라도 더 팔기 위한 전략을 뜻합니다. 물건을 있는 그대로 늘어놓는 시장과 달리, 백화점은 상품 하나하나의 특성을 살려서 진열합니다. 그렇기 때문에 시장보다 백화점에서 같은 물건으로 더 많은 손님을 끌 수 있는 것입니다.

디스플레이Display란 말 그대로 해석하면 '보여 준다'라는 뜻입니다. 하지만 실제로는 이러한 범위를 넘는 많은 행위가 포함되어 있으며 이를 '비주얼 머천다이징Visual Merchandising'이라고 부릅니다. 또한 디스플레이를 가리켜 '판매 연출'이라고 부르기도 하는데, 이는 디스플레이가 단순히 고객에게 잘 보이도록 물건을 배치하는 것을 넘어 고객의 심리를 이용해 상품의 이미지를 부각시키는 방법이기 때문입니다. 종종 디스플레이를 연극과 비교하기도 하는데, 상

마네킹은 옷을 전시하기 위한 보조 도구다? 천만의 말씀! 마네킹은 옷이 가진 메시지를 전달하는 중요한 역할을 합니다.

품이라는 배우가 매장을 무대로 하여 고객이라는 관중에게 자신을 강하게 어필하는 것이 바로 디스플레이라고 할 수 있습니다. 연극이 성공하기 위해서는 관객에게 감동을 주어야 하듯이 물건을 더 많이 팔기 위해서는 디스플레이로 손님에게 만족과 감동을 주어야 합니다.

쇼윈도의 마네킹을 신상품이나 세일 상품을 전시하는 보조 도구로만 생각한다면 큰 오산입니다. 단순히 옷을 전시하기 위한 보조 도구라면 굳이 비싼 마네킹을 사용해 전시할 이유가 없습니다. 백화점에서 마네킹을 자세히 보면 똑바른 자세로 서 있지 않다는 것을 알 수 있을 것입니다.

마네킹은 걷거나 누워 있기도 하고 운동을 하거나 손짓을 하는 등 다양한 포즈를 취하고 있습니다. 마네킹이 이렇게 다양한 포즈를 취하고 있는 것은 고객에게 메시지를 전달하기 위해서입니다. 사실 마네킹이 고객을 매장 안으로 끌어들이지 못하면 아무리 뛰어난 점원이 있는 매장이라고 하더라도 옷은 잘 팔리지 않을 것입니다. 마네킹은 고객에게 메시지를 전달하고, 그들을 환상 속에 빠뜨려 매장으로 유혹해야 합니다. 마네킹을 본 고객이 어떠한 상상에도 빠져들지 못한다면 그것은 디스플레이가 잘못된 것입니다.

디스플레이도 일종의 광고이기 때문에 광고에 적용되는 'AIDMA 원칙'이 그대로 적용될 수 있을 것입니다. 디스플레이가 지나는 행인의 주의를 끄는 '주의 환기Attention'에 성공하면 고객은 쇼윈도로 접근하는 '관심Interest'을 가지게 됩니다. 관심을 가지고 상품을 살펴본 고객은 '구매 욕구Desire'를 일으키게 되죠. 따라서 옷은 단순히 예쁘게 전시되어야 할 뿐 아니라 이를 사고 싶은 욕구를 일으키도록 진열되어야 하는 것입니다. 이 욕구가 신뢰감으로 이어져 고객의 기억에 '저장Memory'되면 그 옷을 '구매Action'하게 됩니다. 그렇다면 이러한 과정을 가능하게 만드는 비결은 무엇일까요?

손님을 잡아 두는 비결

매장 직원은 손님의 마음을 끌기 위해서 오감을 자극하는 디스플레이를 해야 합니다. 이때 가장 중요한 것은 시각입니다. 인간은 외부 정보의 80퍼센트 이상을 시각을 통해 받아들입니다. 따라서 고객의 눈을 즐겁게 만들기 위해 조명부터 점포의 배색에 이르기까지 고객에게 전달되는 모든 시각 정보를 고려해서 상품을 진열해야 합니다.

정육점에서 붉은 전등을 사용하는 것이나 음식을 파란 접시에 담지 않는 것은 시각 정보가 음식의 신선도와 맛에 영향을 주기 때문입니다. 옷도 조명에 의해 원래의 색이 다른 색으로 인식될 수 있기 때문에 패션 매장에서도 신중하게 조명을 선택합니다. 조명의 색뿐만 아니라 빛의 밝기인 조도 그리고 조명 방식도 중요합니다. '조명을 받다'라는 말에 주목을 끈다는 의미가 있듯이 옷도 조명을 받으면 사람을 시선을 끌 수 있습니다. 따라서 매장 앞 마네킹에 조명을 비추면 손님의 시선을 끄는 것은 당연합니다. 하지만 너무 밝은 조명은 손님이 불쾌감을 느끼게 해 오히려 역효과가 나는 경우가 종종 있습니다. 조명이 화려해 한 번 쳐다보기는 했지만 계속 보고 싶은 마음이 생기지 않는 것입니다.

조명을 마네킹의 머리 위에서부터 수직으로 비추는 경우는 거의 없습니다. 대부분의 경우 조명을 비스듬하게 비추는데, 이는 태양이 수직으로 내리쬐는 경우가 흔하지 않기 때문입니다. 〈전설의 고향〉에서 귀신이 등장하는 장면을 보면 조명은 늘 아래에 있습니다. 이는 바로 일상과 다른 느낌을 주기 위해서랍니다. 따라서 매장에서는 이 같은 사항을 고려하여 일상생활과 비슷한 느낌을 주는 조명을 사용하는 것입니다.

하지만 간혹 마네킹 뒤에서 백라이트 조명을 써서 환한 효과를 내는 경우도 있습니다. 이러한 조명을 사용하는 곳은 바로 섹시함을 강조해야 하는 속옷 매장인데, 환상적인 느낌을 주는 것이 목적입니다. 하지만 이러한 백라이트 조명은 특별한 경우가 아니라면 잘 사용하지 않습니다.

매장의 벽면이 거울이 아닌 경우에는 눈부심이 적고 조도분포도 좋은 간접조명을 많이 사용합니다. 고급 매장일수록 직접조명보다는 간접조명을 많이 사용하는데 간접조명은 조명 효율이 나빠 많이 사용하게 되면 전기세가 많이 나오므로 일반 매장에서는 자주 사용하지 않습니다.

매장을 눈에 띄게 한다는 목적으로 무조건 조명을 밝게 하면 오히려 역효과가 납니다. 모든 것을 강조한다는 것은 강조할 상품이

간접조명
조명 방식의 하나. 빛을 일단 벽이나 천장 따위에 비추고 반사시켜 부드럽게 만든 후 그 반사광을 이용하는 방법이다.

아무것도 없다는 의미가 되어 버릴 수도 있기 때문입니다. 그렇기 때문에 가장 강조해야 할 상품에 조도를 높이고 통로에는 조도를 낮추면서 조명 효과를 내야 합니다.

매장 밖이 쇼윈도 안보다 밝을 경우, 손님의 모습이 쇼윈도에 비치는 경우가 있습니다. 유리창 밖으로 야경이 보이는 레스토랑에 앉아 유리창 사진을 찍으면 사진에 야경과 사진을 찍는 내 모습이 함께 나오는 것과 같은 현상입니다. 이런 사진은 야경과 나의 모습을 모두 볼 수 있어 효과적이지만 쇼핑을 하는 손님 입장에서는 매우 불편합니다. 이런 현상이 생기는 이유는 빛이 유리창의 표면에서 반사되기 때문입니다.

매장 안 밝기와 상관없이 빛은 항상 유리 표면에서 4퍼센트 정도 반사되는데 매장 안이 밝을 경우에는 이 반사된 빛은 거의 느껴지지 않습니다. 하지만 밖이 더 밝을 경우에는 반사된 모습이 보이는 것입니다. 이를 막기 위해 매장에서는 차양을 만들어 반사된 빛의 양을 줄여야 합니다. 물건이 케이스 안에 있을 경우에도 마찬가지로 빛의 반사를 고려해야 합니다. 케이스 안의 물건을 강조하기 위한 빛이 반사되어 손님의 얼굴을 비추면 안 되겠죠.

조명 외에도 옷의 색이나 그러데이션을 고려해서 진열하면 매장 이미지가 한결 고급스럽게 느껴집니다. 매장에서 풍기는 향기나 흘러나오는 음악도 손님의 마음을 움직일 수 있습니다. 적절한 향기나 음악은 좋은 이미지를 심어 주는데, 이는 뇌에서 후각을 느끼는 부분이 기억을 담당하는 부위 근처에 있기 때문입니다.

단순한 진열처럼 보여도 디스플레이에는 치밀한 전략이 숨어 있답니다.

매장에도 명당이 있다

일단 손님이 마네킹의 유혹에 이끌려 매장에 들어오면 모든 옷을 다양하게 살펴보게 될까요? 들어오는 손님마다 살펴보는 옷은 모두 같을까요 아니면 다를까요? 사람의 취향은 각각 다르니 사람마다 매장에서 옷을 살펴보는 것도 규칙적이지 않다고 생각하기 쉽습니다. 하지만 매장에 들어오는 손님의 동선을 연구해 보면 사람들의 이동에 규칙이 있다는 것을 알 수 있습니다.

사람들은 어떤 공간에 들어서게 되면 항상 왼쪽부터 보는 습관이 있습니다. 이러한 습관 때문에 매장을 방문한 고객들도 매장에

들어오면 왼쪽으로 먼저 걸어가게 됩니다. 그래서 왼쪽의 옷걸이를 따라 매장 안쪽으로 갔다가 가운데를 거쳐 나가거나 오른쪽으로 이동하게 되는 것이죠. 매장 왼쪽이 명당이라 할 수 있습니다. 따라서 계절상품이나 신상품같이 매장의 주력 상품은 왼쪽에 전시되고, 가운데에는 할인 상품이 전시되는 것입니다. 또한 계산대 주변에 벨트나 스카프 같은 부속 상품들이 전시된 것은 마치 대형 마트의 계산대 주변에 껌이나 건전지를 판매하는 것과 같은 효과를 노린 것입니다. 큰 물건들을 사고 난 후 계산을 기다리는 손님을 상대로 사소한 상품을 팔기 위한 전략인 것이죠.

같은 진열대에 전시되어 있다고 해서 고객들에게 같은 시선을 받는 것은 아닙니다. 고객이 편안하게 물건을 고르는 위치는 정해져 있어서, 사실 이 위치에 있는 물건들이 더 많은 선택을 받게 됩니다. 일반적으로 허리를 살짝 구부린 상태에서 물건을 손에 잡을 수 있는 영역을 '골든 스페이스'라고 합니다. 골든 스페이스는 고객의 눈에 바로 들어오는 곳으로, 눈으로 본 후 곧바로 쉽게 잡을 수 있는 위치를 말합니다. 이 공간은 지면에서 99~135센티미터 영역이며, 그다음으로 사람이 눈길을 주는 영역은 99~135센티미터에서 10센티미터 위아래입니다. 이보다 높거나 낮은 영역은 거의 눈길을 주지 않기 때문에 잘 팔리지 않는 상품을 진열한답니다. 억지로 구석에 있는 옷을 찾아서 입어 보는 사람은 거의 없겠지요.

사람들은 비행기나 기차 예약을 할 때 더 많은 비용을 지불하더라도 혼자 넓게 앉을 수 있는 좌석을 선택합니다. 극장에서는 팔걸이 때문에 옆에 앉은 사람과 무언의 심리전이 벌어지기도 합니다. 이렇게 사람은 항상 자신의 영역을 확보하려는 습성을 가지고 있는데, 이는 쇼핑 중이라고 해서 결코 달라지지 않습니다.

사람들은 쇼핑 도중에도 자신의 영역을 확보하고자 합니다. 그래서 출입구나 매대 사이가 너무 좁은 곳은 들어가기를 꺼립니다. 매장 주인이 많은 물건을 팔고 싶은 마음에 매대 사이를 좁혀 놓으면 오히려 손님을 쫓을 수 있습니다. 매장 입구는 2~3명이 들어갈 정도로 충분히 넓게 확보해야 하며, 매대 사이는 성인 두 사람이 불편하지 않게 지나갈 수 있도록 배치해야 합니다.

마네킹이 입고 있는 옷이 예뻐서 가까이 가면 바로 옆 옷걸이에 같은 옷이 걸려 있는 경우가 있습니다. 이는 우연의 일치가 아니라 마네킹을 보고 가까이 왔으면, 한번 만져 보고 입어 보라는 고도의 상술이 포함된 디스플레이입니다. 이러한 디스플레이는 마음이 가는 것이 있으면 만지고 싶어 하는 욕구를 충족시키는 것으로, 손님을 끌어들이는 방법 중 하나입니다.

고객이 옷을 손으로 직접 만질 수 있도록 하는 방법도 있습니다. 바로 매대에 옷을 쌓아 두고 파는 것입니다. 이러한 디스플레이를 '스크램블 진열'이라고 하는데 스크램블이라는 혼합 요리처럼 마구 섞어 놓은 진열법이라는 뜻입니다. 이렇게 진열하면 고객이 거부감 없이 옷을 고를 수 있습니다. 여러분도 매대에서 부담 없이 마음에 드는 옷을 골라 본 적이 있죠?

디스플레이라는 것이 정말 복잡하고 힘든 작업이라는 것을 느꼈을 것입니다. 하지만 이렇게 열심히 디스플레이를 했더라도 고객이 매장에 눈길을 주는 시간은 겨우 3초 정도랍니다. 이렇게 짧은 시간 안에 모든 승부를 걸어야 하기 때문에 매장에서는 아이템보다는 색깔별로 옷을 진열하여 고객이 좋아하는 색이 눈에 빨리 띨 수 있게 합니다.

6

옷을 진화시키는 미래형 과학

감성 공학으로 여는 패션의 신 세계

악마는 감성 공학을 입는다

국내에서 가장 유명한 디자이너인 앙드레 김의 디자인은 의류를 넘어 침구, 도자기, 안경, 냉장고 등 다양한 제품에 활용되고 있습니다. 또한 LG는 자사 브랜드 광고에 고갱의 〈타이티의 여인들〉이나 고흐의 〈밤의 카페테라스〉와 같은 명화들을 등장시킨 후 '생활이 예술이 된다'라는 카피를 넣었습니다. 이 광고가 좋은 반응을 얻자 최근에는 신윤복이나 김홍도의 그림을 등장시키는 한국화 편도 만들었습니다. 그리고 이러한 명화 속 출연자를 모두 모아 오케스트라 공연을 관람시키는 광고까지 제작했습니다.

전자제품, 패션 디자인, 명화 등은 언뜻 보면 아무런 관계도 없는 것처럼 느껴집니다. 그렇다면 왜 기업에서는 앙드레 김의 디자인이나 명화를 제품 디자인과 광고에 사용하는 것일까요?

감성 공학만이 살길이다

분야를 가릴 것 없이 오늘날 가장 큰 문화 흐름은 바로 '퓨전'입니다. 한식과 양식이 만났고, 한의학과 서양의학이 만났듯 서로 다른 두 문화로 인식되어 오던 많은 것들이 서로 만나 새로운 것으로 재창조되고 있습니다. 그중 가장 놀라운 것은 바로 과학과 예술의 만남일 것입니다.

대부분의 사람들이 과학과 예술은 서로 다른 분야라고 인식하고 있어서 이 둘은 서로 만나기가 쉽지 않았습니다. 하지만 최근에는 유명 패션디자이너가 가전제품에 자신의 디자인을 사용하게 하여 가전제품이 한층 고급스럽게 탈바꿈하였습니다. 이와 같이 가전제품을 의류처럼 디자인하거나 명화를 제품의 광고에 사용하는 것을 '테카르트 마케팅techart marketing'이라고 부릅니다.

테카르트는 'technology(기술)'와 'art(예술)'를 결합시켜 만든 신조어로 소비자들의 감성을 만족시키기 위한 감성 마케팅을 가리킵니다. 감성 마케팅은 서로 어울릴 수 없을 것 같은 기술과 예술 분야를 결합시켜 기업은 높은 브랜드 가치를, 소비자는 제품에 대한 만족을 얻게 합니다. 기업들이 감성 마케팅에 많은 공을 들이는 이유는 간단합니다. 이 전략이 효과가 있기 때문입니다.

과거 기업들은 소비자들이 많은 제품의 정보를 비교해 자신이 원하는 제품을 합리적으로 선택할 것이라고 여기고 제품의 기능성과 편익을 알리는 데 초점을 두었습니다. 하지만 감성 마케팅에서는 고객의 체험을 중요시합니다. 전통적인 매장은 제품을 더 많이 부각시키는 데 중점을 두지만, 감성 마케팅 매장은 갤러리처럼 매장을 고급스럽게 꾸미거나 패션쇼를 보러 온 듯한 분위기로 꾸밉니다. 또한 반품을 하러 온 고객에게 이유를 묻는 것이 아니라 무조건 교환해 줍니다. 모든 것이 바로 고객을 신뢰와 감동으로 이끄는 감성 마케팅입니다.

소비자는 감성을 자극하는 원인에 따라 '쾌−불쾌' 감정이 발생하여 '접근−회피' 반응을 일으키게 됩니다. 이러한 감성 반응이 구매 결정에 영향을 주기 때문에 소비자들은 합리적인 결정을 하기보다는 감성에 영향을 받아 비합리적으로 판단하는 경우가 많습니다. 인지심리학자인 대니얼 카너먼Daniel Kahneman 교수는 이와 같은 소비자들의 비합리적인 경제적 의사결정 과정을 연구하여 행동경제학을 창시했으며, 그 공로로 2002년 노벨 경제학상을 수상했습니다. 최근 기업들이 소비자의 속마음을 이용하기 위해 인지과학의 도움을 받는 것도 감성이 소비자의 구매 결정에 큰 영향을 주기 때문입니다.

인간의 감성은 제품 생산에 직접 응용되기도 합니다. 이를 감성

공학이라고 하는데, 패션디자이너 아르마니가 디자인한 벤츠, 베르사체가 디자인한 노키아폰 등은 소비자의 감성을 제품 생산에 이용해 큰 반향을 불러일으켰습니다. 이러한 제품을 구매하는 소비자들은 단순히 제품을 사는 것이 아니라 상징적 이미지를 구매하는 것이며, 그 제품 속의 명품 이미지에서 만족을 얻게 됩니다. 하지만 소비자의 감동은 단순히 명품 디자인을 도입한다고 해서 생기는 것이 아닙니다.

상품의 기획부터 디자인, 생산, 마케팅에 이르기까지 모든 과정이 유기적으로 연결되었을 때 가능합니다. 디자이너 위주의 디자인은 더 이상 소비자의 선택을 받지 못하며, 소비자의 입장에서 생각한 디자인만이 감동을 이끌어 낼 수 있습니다. 즉 제품에 대한 이해 없이 디자이너의 감感에만 의존한 디자인이 아닌, 공학적인 지식을 바탕으로 소비자의 의견을 디자인에 반영하려는 것이 바로 감성 공학입니다.

사람들이 미인에게 끌리는 것과 같이 디자인이 훌륭한 제품이 소비자의 눈길을 사로잡습니다. 정보가 부족한 상태에서 사람을 만났을 때, 우리는 뛰어난 미모를 가진 사람에게 더 끌리게 됩니다. 이와 마찬가지로 디자인이 예쁘면 제품의 질도 더 좋을 것이라는 느낌을 주기 때문에 소비자들로부터 사랑을 받는 것입니다.

애플의 아이팟iPod이 처음 등장했을 때 누구도 지금과 같은 성공을 거두리라고 예상하지 못했습니다. 하지만 아이팟은 사용자를 고려한 간단한 디자인을 통해 21세기 최고의 문화 아이콘으로 불

mp3를 사용하는 소비자 입장에서 디자인해 전 세계적으로 인기를 얻고 있는 아이팟. 전자제품 디자인에 혁신을 몰고 왔습니다.

리며 애플을 컴퓨터 회사에서 디지털 미디어 업체로 성장하게 만들었습니다. 하지만 좋은 디자인은 예쁜 모양뿐만 아니라 디자인 그 자체가 사용설명서가 될 수 있을 만큼 편리성을 갖고 있어야 합니다. 아이팟과 같은 제품은 디자이너와 엔지니어가 소비자의 마음을 잘 읽어 냈기 때문에 탄생할 수 있었던 것입니다.

패션에도 공학이?

이제 전자제품이나 자동차 등 각종 공학 제품에 디자이너의 손길이 꼭 필요하다는 것을 알았을 것입니다. 그렇다면 패션에도 공학자의 논리적이고 뛰어난 손길이 필요하지 않을까요?

우리는 패션의 경우 디자인이 가장 중요하다는 생각을 많이 합니다. 물론 패션에 있어서 디자인이 제일 중요하다는 것은 분명한 사실입니다. 예쁘지 않은 옷을 살 사람은 아무도 없으니까요. 하지만 "보기에는 예쁜데 나에게는 어울리지 않아." 또는 "예쁘지만 불편해."라는 평가를 받은 옷이 잘 팔릴까요? 디자이너가 너무나도 예쁘게 옷을 잘 만들었지만 입어 보니 불편하거나 몸에 잘 맞지 않는 옷은 소비자들에게 외면받게 됩니다.

청바지나 더플코트, 트렌치코트를 한번 생각해 보세요. 이러한 옷들은 원래 몸을 보호하고, 추위나 바람을 막기 위해 만들어진 옷이었습니다. 하지만 최근에는 아름다운 디자인으로 사랑받고 있습니다. 물론 청바지처럼 다양한 형태의 디자인이 강조되는 옷도 있지만 이러한 옷들은 원래의 기능에 충실했기 때문에 많은 인기를 얻고 있는 것입니다. 즉 옷을 입었을 때 편하거나 부드럽고, 따스하거나 시원한 느낌 등을 주는 착용감은 디자인 못지않은 매우 중요한 요소입니다. 최근에는 옷을 입었을 때 쾌감을 느끼게 하기 위해 투습과 방수 기능을 첨가하고, 탈취나 방향 기능을 가진 감성 가공 섬유소재들이 다양하게 개발되고 있습니다.

원래 공학이라는 것은 인간의 창조적인 행위이기 때문에 기술과 예술의 성격을 모두 가지고 있습니다. 미래 사회가 요구하는 공학자는 소비자의 마음을 읽는 섬세함을 갖고 있어야 합니다. 감성 공학은 한마디로 '행복 공학'입니다. 또한 인간의, 인간에 의한, 인간을 위한 기술입니다.

7
나만의 브랜드를 만들어라

디자인에서 생산까지, 나에게 꼭 맞춘 옷

내가 바로 브랜드!

여러분은 옷을 어떻게 구입하나요? 우리는 옷을 사기 위해 백화점이나 시장을 찾기도 하지만 인터넷에 접속해 인터넷 쇼핑몰에서 옷을 사기도 합니다. 또는 텔레비전 채널을 돌리다가 마음에 드는 옷이 방송되는 것을 보고 구입하는 경우도 많죠. 이제 홈쇼핑이나 인터넷 쇼핑은 일부 젊은 계층이나 바빠서 쇼핑할 시간이 없는 사람들만 찾는 곳이 아닙니다. 이미 홈쇼핑이나 인터넷 쇼핑은 저렴한 가격으로 좋은 옷을 사기를 원하는 사람들에게 아주 효과적인 쇼핑 방법으로 자리 잡았습니다. 하지만 이렇게 편리한 홈쇼핑이나 인터넷 쇼핑을 두고도 많은 고객들은 직접 매장을 찾아 옷을 고르는 수고를 마다하지 않습니다. 사람들은 왜 홈쇼핑이나 인터넷 쇼핑에 만족하지 않고 직접 매장을 찾는 번거로움을 감수하면서 옷을 사는 것일까요?

모델이 아닌 나에게 정말 어울리는 옷

홈쇼핑이나 인터넷 쇼핑은 시간이 없는 사람들이 옷을 손쉽게 구입할 수 있는 방법 중 하나입니다. 그러나 여기에는 각각 장단점이 있습니다. 홈쇼핑의 장점은 패션쇼 영상을 텔레비전으로 보면서 소비자가 옷의 느낌을 알 수 있다는 것입니다. 그러나 소비자가 직접 원하는 옷을 고르는 것이 아니라, 업체에서 일방적으로 선정한 물건을 구매해야 한다는 단점이 있죠.

그렇기 때문에 많은 사람들이 인터넷 쇼핑을 통해 옷을 구매하기도 합니다. 인터넷 쇼핑몰에서는 다양한 브랜드와 디자인의 옷을 원하는 대로 검색하고 비교해 볼 수 있습니다. 하지만 인터넷 쇼핑의 경우 단지 사진 몇 장만 보고 옷을 판단해야 하기 때문에 옷에 대한 단편적인 정보밖에 얻을 수 없습니다. 물론 동영상을 제공하는 사이트도 있기는 하지만 그래도 홈쇼핑만큼 다양한 모습을 보여 주지는 못합니다.

옷을 홈쇼핑이나 인터넷 쇼핑몰에서 구입했다가 마음에 들지 않았던 기억이 누구나 한두 번쯤은 있을 것입니다. 이는 다른 사람에게는 잘 어울리는 옷이 나에게는 맞지 않을 수 있기 때문입니다. 사람마다 체형이 다르니 사진이나 후기만으로는 정확한 판단을 내리기 어렵겠지요. 그래서 인터넷 쇼핑을 통해 구입한 물건은 반품률이 높은 것입니다. 인터넷 쇼핑이 옷을 구매하는 새로운 방법으로 확실히 정착되기 위해서는 모델이 입은 모습만 보고 사는 것이 아니라 개개인이 자신의 얼굴과 체형에 맞는 옷을 고를 수 있도록 해야 할 것입니다.

십인십색十人十色이라는 말이 있습니다. 하지만 요즘은 일인십색一人十色이라는 말이 있을 정도로 정말 다양한 외모와 개성을 가진 사람들이 존재합니다. 그리고 개성이나 외모가 다양한 만큼 같은 체격을 가진 사람도 없습니다. 체격이 모두 다르니 모델이 입은 옷이 나에게 잘 맞지 않는 것은 당연합니다.

다양한 사람들에게 맞는 옷을 만들기 위해서는 더 많은 사람들의 신체 치수를 측정해야 합니다. 이러한 신체 치수를 측정하는 일은 개인이 하기에는 너무 방대한 사업이기 때문에 영국이나 미국과 같은 일부 국가에서는 국가 차원에서 자국민들의 신체 치수 조사 사업을 벌이고 있습니다. 영국에서는 SIZE UK, 미국에서는 SIZE USA라는 이름으로 신체 치수 조사 사업을 하고 있으며, 우리나라에서도 기술표준원이 사이즈 코리아SIZE KOREA 사업을 벌였습니다. 사이즈 코리아는 2003년부터 2년여간 국내 전문가 100여 명이 0~90세 사이의 전국 2만여 명의 인체 치수를 조사하여 한국인 인체 표준정보 데이터베이스를 구축한 사업입니다. 한국인 인체 표

	아버지	어머니	아들	딸
나이	60대 중반	60대 초반	20대 초반	20대 중반
키	164.5cm	152.4cm	172.1cm	160.1cm
가슴둘레	95.2cm	94.7cm	93.1cm	81.5cm
허리둘레	91.2cm	85.7cm	77.8cm	67.4cm
배둘레	85.8cm	90.7cm	81.3cm	83cm

한국인 표준 신체 사이즈

준정보 덕분에 외국인의 몸에 맞는 옷이 아니라 우리나라 사람의 몸에 잘 맞는 옷의 생산이 가능하게 되었습니다. 최근에는 이 자료를 토대로 자동차, 가전제품 등 다양한 분야에서 편리한 제품을 만들고 있습니다.

이 데이터베이스를 바탕으로 가장 먼저 상품화한 것이 바로 한국형 마네킹입니다. 백화점에서 옷을 진열하는 데 사용되는 것만이 마네킹의 역할이라면 '한국형 마네킹' 생산이 별것 아니라고 생각할 수도 있을 것입니다. 하지만 의류 생산용 마네킹은 정확한 치수의 의복을 생산하는 데 기본이 되는 매우 중요한 도구입니다. 이렇게 중요한 마네킹을 기존에는 외국에서 수입해서 사용하였기 때문에 우리의 체형에 잘 맞는 옷을 생산하기 어려웠습니다.

또한 한국인의 표준 발 사이즈를 통해 완성된 '한국형 구두골'이 완성되면서 외국인의 발이 아닌 우리 발에 맞는 신발을 생산할 수 있는 토대가 마련되었습니다. 이뿐만 아니라 사이즈 코리아에서 얻어진 자료로 인체 공학적인 자동차, 가전제품, 가구 등을 생산할 수 있게 되었습니다. 신체 치수 조사 사업을 통해 우리는 '편안한 대한민국'을 만들어 가고 있습니다. 몸 치수 측정을 통해 생활에 편리한 맞춤형 제품을 생산할 수 있게 된 것입니다.

내가 바로 브랜드다

신체 치수가 제품 생산에만 쓰이는 것은 아닙니다. 자신의 신체 치수를 3차원 스캐너를 통해 저장하면 다양한 서비스를 받을 수 있는 프로그램이 개발되었습니다. 일단 3차원 데이터로 가상 쇼핑 몰에서 자신과 동일한 치수를 가진 아바타avatar를 만듭니다. 게임 이나 채팅에 사용되던 기존 아바타들은 머리가 크고 팔다리가 가늘어 실제 사람과는 거리가 멀었습니다. 하지만 3차원 가상 쇼핑몰에 등장하는 아바타들은 게임 캐릭터와는 달리 사실감이 뛰어납니다.

진짜 나와 동일한 신체 치수를 지닌 이 아바타는 3차원 매장에 가서 나 대신 이것저것 마음에 드는 옷을 입어 봅니다. 이렇게 아바타에게 옷을 입혀 보고 마음에 드는 것을 골라서 주문하면 매장에 가지 않고도 나에게 딱 맞는 옷을 고를 수 있습니다. 온라인 세상의 아바타가 정말로 나의 분신 역할을 하는 것입니다.

이러한 가상 매장 연구는 국내에서는 '아이 패션i-fashion', 유럽에서는 '이 테일러e-tailer'라는 이름으로 이미 활발하게 연구되고 있습니다. 2007년에는 건국대학교의 'i-fashion 의류기술센터'가 패션

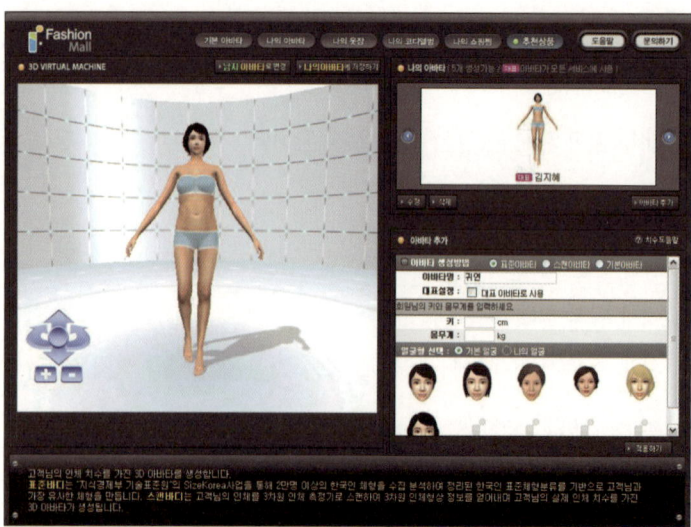

'아이 패션'에서는 나와 똑같은 아바타에 옷을 입히고, 그 모습을 보고 옷을 고를 수 있습니다(이미지 출처: 건국대학교 i-Fashion 의류기술센터, www.ifashion.or.kr).

업체들과 함께 실제 한 백화점에 디지털 매장을 열어 화제가 되기도 했습니다. 이 디지털 매장을 방문하면 3차원 스캐너를 통해 신체 치수를 잰 후, 개인별 아바타를 만들어 줍니다.

옷을 갈아입기 싫어하는 남자 아이들을 대신해서 아바타가 다양한 옷을 입기도 합니다. 우리는 단지 아바타가 옷을 입은 모습을 화면이나 가상 거울을 통해 보고 가장 마음에 드는 옷을 선택하기만 하면 됩니다. 친구에게 옷을 선물할 때에도 친구의 신체 사이즈만 알고 있다면 아바타를 만들어 옷을 입혀 보고 딱 맞는 옷을 고를 수 있습니다.

아직 옷감의 재질을 실현해 내지 못하는 등 개선해야 부분도 있지만 디지털 애니메이션 기술의 발달에 힘입어 더욱 진짜 사람처럼 보이는 아바타의 모습을 볼 날이 올 것으로 보입니다.

하지만 이 기술은 단순히 쇼핑을 편리하게 하는 도구로 끝나지 않을 것입니다. 더욱 놀라운 점은 소비자가 생산자가 될 수 있다는 것입니다. 소비자는 아바타에게 이미 만들어진 옷만 입히는 것이 아니라 자신이 직접 디자인한 옷을 입혀 볼 수도 있습니다. 인터넷 게임이나 채팅에서 자신의 아바타를 다양하게 꾸미듯이 말이죠. 그리고 이것을 진짜 옷으로 주문할 수도 있는 것입니다.

이렇게 자신이 직접 디자인한 옷이 마음에 들면 생산도 할 수 있는데, 이러한 생산방식을 '맞춤형 주문made-to-measure'이라고 합니다. 이 방식은 기존의 대량생산 방식과 달리, 소비자가 자신이 디자인한 옷을 가상 매장과 연결된 생산업체에 직접 주문해 옷을 제작합니다. 물론 지금도 스스로 디자인해서 옷감을 구입하고 바느질을 해 옷을 만들 수도 있지만 많은 기술과 노력이 필요하기 때문에 아무나 쉽게 할 수 있는 일은 아닙니다. 하지만 맞춤형 주문에서는 디자인만 제공해 주면 전문 제작 업체에서 세상에 하나밖에 없는 옷을 만들어 냅니다.

또한 미리 자신의 아바타에게 입혀 보고 제작했기 때문에 스케치만 가지고 옷을 제작했을 때보다 실패할 확률이 훨씬 줄어들게 됩니다. 이렇게 자신만의 옷을 만들어 입는 것도 재미있는 일인데 그 옷이 다른 사람들에게 좋은 평을 얻으면 옷을 판매할 수도 있습니다. 이미 디자인이 완성된 옷이기 때문에 바로 기업체에 제작과 판매를 의뢰할 수 있는 것입니다. 즉 맞춤형 주문 방식은 소비자가 생산자도 될 수 있는 주문 방식이라고 할 수 있습니다. 전문 디자인 교육을 받지 않고도 누구나 쉽게 자신의 옷을 디자인해 볼 수 있다니 정말 멋지죠?

아직도 미래에 다가올 인터넷 쇼핑몰의 모습이 잘 그려지지 않는다면 국내의 아이 패션 사업과 연결된 쇼핑몰 (www.ifashionmall. co.kr)에 가 보거나, 해외 사이트인 '마이 버추얼 모델(My Virtual Model, www.mvm.com)'을 방문해 보세요. 새로운 패션 패러다임을 엿볼 수 있을 것입니다.

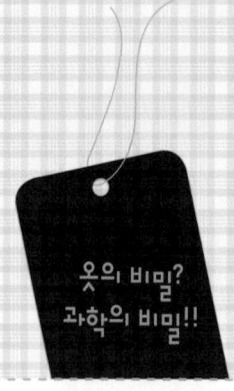

옷의 비밀?
과학의 비밀!!

끊임없이 진화하는 청바지

청바지는 1850년 리바이 스트라우스Levi Strauss에 의해 처음 만들어졌습니다. 하지만 만들어진 지 150년이 넘었다고 구식이라고 여기면 큰 오산입니다. 청바지는 만들어질 당시부터 파격적인 옷감과 디자인으로 선풍적인 인기를 끌기 시작해, 오늘날에도 여전히 가장 사랑받는 패션 아이템입니다. 청바지가 이렇게 오랫동안 살아남을 수 있었던 이유는 무엇일까요? 그것은 바로 시대에 맞게 꾸준히 진화하면서 사람들의 욕구를 충족시켜 주었기 때문입니다.

1849년 캘리포니아의 골드러시 바람을 타고 많은 사람들이 미국 서부로 일확천금의 꿈을 안고 몰려들었습니다. 리바이 스트라우스는 이런 사람들에게 텐트 천을 팔기 위해 무명 천 몇 묶음을 가지고 서부로 갔습니다. 그는 천을 사러 온 사람들이 튼튼한 텐트보다 바지가 필요하다고 말하는 것을 듣고 텐트 천으로 바지를 만들었습니다. 바로 이것이 바로 청바지의 시초입니다. 스트라우스는 바지 사업이 번창하자 프랑스 님

Nimes 지방의 면을 수입하여 바지를 만들었습니다. 또한 상아색이 때가 많이 타자 푸른색 염료인 인디고 블루로 바지를 염색해서 팔기 시작했습니다. 이것이 바로 진정한 청바지의 시초라고 할 수 있습니다.

'청바지를 데님denim 바지'라고 부르는 것은 님 지방의 면직물을 사용했기 때문이며 '진jean'이라는 이름은 이탈리아 제노바에서 생산된 면직물인 '진'에서 유래되었습니다.

이렇게 탄생한 청바지는 1900년대 초반 산업화의 물결을 타고 평상복으로 자리 잡았고, 1960년대에는 히피 문화와 함께 젊은이들 사이에서 반항의 상징으로 통하기도 했습니다. 1977년 디자이너 캘빈 클라인이 직접 디자인한 청바지를 내놓은 것을 필두로, 1980년대부터는 도나 카란이나 샤넬 같은 명품 브랜드에서 럭셔리 청바지를 제작하기 시작했습니다.

요즘에는 자기 체형에 잘 맞는 청바지를 선택하는 것을 당연하게 여기지만 스트라우스가 청바지를 처음 만들었을 때에는 프리 사이즈, 즉 누구에게나 맞는 헐렁한 바지 한 종류뿐이었다고 합니다. 그래서 사람들은 청바지를 자신의 몸에 맞추기 위해 새 청바지를 입고 물에 들어가 적당하게 줄어들기를 기다렸다고 합니다. 텐트를 만들던 뻣뻣한 천으로 바지를 만들었으니 착용감 또한 형편없겠죠. 하지만 이렇게 착용감이 불편한 청바지는 이제 거의 볼 수 없습니다.

최근에는 몸매를 살릴 수 있도록 신축성이 있고 착용감도 좋은 편안한 청바지가 생산되고 있습니다. 물론 이러한 청바지는 쫄쫄이의 원료인 라이크라 T400과 같은 탄성섬유를 넣어서 만듭니다. 이뿐만 아니라 쿨맥스와 같은 기능성 소재를 활용한 청바지도 만들어져 땀이 신속하게 흡수되면서 산뜻한 착용감을 느끼도록 해 주고 있습니다.

아이러니하게도 스트라우스의 성공 비결이었던 튼튼하고 질긴 청바지가 오늘날에는 찢어진 디자인으로 만들어지기도 합니다. 찢어지거나 심하게 닳은 청바지는 소위 '패셔니 스타'들이 선호하는 패션 아이템이기도 하지요. 청바지가 워낙 질기기 때문에 자연스럽게 찢어지기를 기다리지 못하고 '스톤 워싱'이라는 가공법을 통해 일부러 청바지를 닳게 만든다고 합니다.

청바지를 '청'바지라고 부르는 이유는 데님을 염색하는 염료인 인디고 Indigo가 푸른색이기 때문입니다. 만약 합성 인디고 염료가 만들어지지 않았다면 전 세계적으로 엄청난 청바지 수요를 모두 충당할 수 없었을 것입니다. 조그만 합성염료 공장이었던 바스프BASF는 합성 인디고 블루 염료를 대량생산할 수 있는 방법을 알아내면서, 오늘날과 같은 거대 다국적 화학 회사로 성장할 수 있는 기틀을 마련했습니다. 그 정도로 푸른색에 대한 인기는 매우 높았답니다.

데님을 인디고 염료로 염색하는 것은 생각보다 쉽지 않다고 합니다. 그래서 최근에는 인디고의 푸른색을 내는 유전자를 가진 면화를 생산하는 방법도 연구 중이라고 합니다. 머지않아 표면만 염색된 청바지가 아니라 실 자체가 푸른색인 청바지도 입게 될 것입니다. 청바지의 진화는 과연 어디까지 이어질까요?

제2부

과학을 리폼하다

1

옷 한 벌로 사계절 버티기

옷을 만들 때 기억해야 할 것, 인체의 온도

첨단 소재로 무장한 단벌 신사

한때 가난과 절약의 상징이었던 단벌 신사. 넉넉하지 못한 월급으로 가족들을 돌보기 위해 아버지가 양복 한 벌로 1년 내내 출근해야 했던 시절이 있었습니다. 하지만 경제 수준이 많이 높아진 오늘날에는 계절에 맞는 소재로 만든 다양한 정장을 입고 다니는 것이 일반적입니다. 겨울에는 양모와 같은 따뜻한 소재로 만들어진 옷으로 추위를 막고, 여름에는 마같이 시원한 옷감으로 더위를 막습니다. 당연히 겨울옷은 보온성을 위주로 하며 여름옷은 방열을 기본으로 만들어지기 때문에, 이와 같이 계절에 따라 옷에 구분이 생길 수밖에 없습니다. 하지만 앞으로는 옷 한 벌로 추위와 더위를 모두 막을 수 있을 것으로 보입니다. 어떻게 옷 한 벌로 추위와 더위를 모두 막을 수 있을까요?

인체와 열

사람의 체온이 몇 도냐고 묻는다면 대부분 섭씨 36.5도라고 쉽게 대답할 것입니다. 물론 사람의 평균 체온은 섭씨 36.5도가 맞습니다. 하지만 실제로 체온을 측정해 보면 신체 부위별로 조금씩 차이가 납니다. 신체 내부의 평균 온도는 섭씨 36.5도이며, 피부의 평균 온도는 이보다 조금 낮은 섭씨 33.3도입니다. 손바닥의 경우에는 평균 섭씨 31.6도이며, 머리는 섭씨 34.4도입니다. 손바닥의 평균 온도는 머리보다 조금 더 낮기 때문에 아픈 곳이 없어도 머리를 만져 보면 따뜻하게 느껴지는 것입니다.

사람은 이러한 신체 평균 온도보다 체온이 낮아지면 추위를 느끼고 높아지면 더위를 느끼게 됩니다. 즉 사람은 피부의 평균 온도가 섭씨 30도 이하로 내려가면 추위를 느끼며 섭씨 35.5도를 넘으면 더위를 느낍니다. 그런데 여기서 한 가지 의문이 생깁니다. 피부의 평균 온도가 섭씨 30도 이하로 내려갈 때 우리가 추위를 느끼게 된다면 기온이 섭씨 28도일 경우에는 더위를 느끼는 것이 아니라 추위를 느껴야 할 것입니다. 하지만 우리는 바깥 기온이 섭씨 28도

일 경우 덥다고 느끼며 에어컨을 찾습니다. 왜 이러한 현상이 생길까요?

피부 주변의 열은 쉽게 대류가 일어나지 않아 따뜻한 공기층이 쌓이기 때문입니다. 따라서 선풍기를 틀거나 부채질을 하면 바로 몸 주위의 공기층이 제거되므로 시원해집니다. 몸에서 만들어진 열은 외부로 계속 전달되어야 하지만 기온이 높을 경우에는 열의 전달이 잘 일어나지 않아 피부 표면의 온도가 계속 올라가 더위를 느끼게 되는 것입니다. 더위를 느끼면 땀을 흘리고, 피부 표면의 모세혈관에는 더 많은 피가 흘러 열이 발산됩니다. 추위를 느끼는 경우에는 모공이 닫히고 피부 표면으로 흐르는 혈액의 양도 감소되면서 체온을 유지할 수 있게 됩니다. 이러한 반응이 일어나는 것은 인체가 항상성을 유지하려고 하기 때문입니다.

항상성
생체가 여러 가지 환경 변화에 대응하여 생명 현상이 제대로 일어날 수 있도록 일정한 상태를 유지하는 성질. 또는 그런 현상.

쾌적함을 유지하는 비결

봄과 가을이 생활하기 좋고 쾌적한 것은 아주 덥거나 춥지 않기 때문입니다. 덥거나 추울 경우 몸은 항상성을 유지하기 위해 변화를 일으키는데 이때 우리 몸은 이러한 변화를 불쾌하게 받아들입니다. 따라서 좋은 옷감이라면 체온을 일정하게 유지시켜 신체 변화가 적게 일어나도록 해야겠지요. 신체 변화가 적게 일어나는 옷을 입으면 쾌적함을 느끼게 됩니다.

여름에는 몸 주위에 열이 쌓이는 것이 문제가 되기 때문에 열을

여름에는 통기성이 좋아 체온이 올라가는 것을 막는 옷. 겨울에는 따뜻한 공기층을 형성하여 체온을 유지하는 옷이 좋습니다.

빨리 방출하는 옷을 입는 것이 좋습니다. 이 때문에 여름옷은 마, 면, 레이온 등 통기성이 좋은 소재로 만들어집니다. 통기성이 좋은 소재들은 몸에 따뜻한 공기층이 형성되지 않게 하여 체온이 상승하는 것을 막아 줍니다. 또한 체온이 상승하여 땀을 흘리게 되더라도 땀을 신속하게 배출해, 체온을 쉽게 내려 주는 역할을 합니다.

추위를 막는 옷은 이와는 반대로 공기층을 형성하여 외부로 열이 잘 빠져나가지 않게 합니다. 양모와 오리털 등은 모두 따뜻한 공기층을 형성하여 체온을 유지하는 소재들입니다. 이와 같이 좋은 옷감의 기준에는 촉감, 광택, 구겨짐 등 여러 가지가 있지만 그중에서도 특히 피부 표면 온도를 얼마나 일정하게 유지할 수 있느냐가 매우 중요하다고 할 수 있습니다.

눈이 오면 따뜻하다?

'눈이 온 날 거지가 빨래한다'는 속담이 있습니다. 눈이 오는 날은 찬물에 빨래를 할 수 있을 만큼 포근하다는 뜻이죠. 찬물에 빨래를 해야 했던 거지들이 될 수 있는 한 기온이 높은 때를 선택한 것에서 유래된 속담입니다. 그렇다면 왜 눈이 오는 날에는 기온이 높을까요? 이는 공기 중의 수증기가 응결되어 눈이 되면서 열을 방출해 기온이 올라가기 때문입니다.

물질은 고체, 액체, 기체와 같은 상태로 존재하는데, 한 가지 상태에서 다른 상태로 바뀔 때 열의 출입이 발생하게 됩니다. 액체 상태인 물이 기체 상태가 되기 위해서는 주변에서 열을 흡수해야 하고, 반대로 기체 상태인 수증기가 물이 되기 위해서는 열을 방출해야 합니다. 이렇게 물이 증발하거나 응고될 때 흡수되거나 방출되는 열을 '숨은열'이라고 합니다. 그리고 이와 같이 상태변화 때 발생하는 숨은열을 이용한 것이 상변화 물질phase change material, PCM 소재입니다.

얼음을 가열하면 계속 온도가 올라가다가 녹기 시작하는데, 이

상변화 물질
이 물질로 만든 옷은 외부의 온도를 감지해 스스로 열을 방출하거나 흡수하여 옷을 입은 사람이 쾌적함을 느끼게 한다.

때부터는 아무리 열을 가해도 더 이상 온도가 올라가지 않습니다. 하지만 계속 가열하여 얼음이 모두 녹으면 다시 온도가 올라가 끓기 시작할 때까지 온도가 계속 올라가지요. 또 일단 끓기 시작하면 아무리 가열해도 온도는 높아지지 않습니다. 따라서 요리를 할 때 끓고 있는 물의 온도는 측정해 보지 않고도 일정하게 섭씨 100도라는 것을 알 수 있는 것입니다.

이것은 열이 상태변화에 사용되기 때문입니다. 얼음이 물이 되기 위해서는 단단하게 결합되어 있는 물분자의 결합이 끊어져야 하는데 이때 에너지가 모두 사용되어 온도가 더 이상 올라가지 않는 것입니다. 이와 마찬가지로 PCM도 상태변화를 통해 온도를 내리거나 올리는 역할을 합니다.

상변화 물질에는 많은 종류가 있지만 그중에서도 인체의 온도 변화 범위에서 상태변화를 하는 물질들이 옷감에 사용될 수 있습니다. 옷감에 많이 사용되는 PCM 소재로 파라핀류의 물질이 있는데, 흔히 마이크로캡슐에 넣어 섬유에 부착하여 사용합니다. 마이크로캡슐에 넣어 사용하는 이유는 상태변화가 일어나 물질이 녹았을 때 옷감에 흐르지 않게 막아 주기 때문입니다.

PCM은 캡슐 속에서 상태변화를 하면서 열을 흡수하거나 방출하여 쾌적함을 유지시킵니다. 운동을 해서 체온이 올라가면 캡슐 속의 PCM이 녹아서 열을 흡수하지만, 체온이 떨어지게 되면 PCM이 고체 상태로 되면서 다시 열을 방출하여 몸을 따뜻하게 만들어 주는 것입니다.

파라핀
원유를 정제할 때 생기는 희고 냄새가 없는 반투명한 고체. 양초, 연고, 화장품 따위를 만드는 데 쓴다.

마이크로캡슐
물질을 아주 작은 입자로 만들어 그 표면을 얇은 막으로 싼 것. 의약품에 많이 사용된다.

원래 PCM 소재는 나사NASA에서 우주복에 사용하기 위해 연구되었지만 오늘날에는 등산복, 스키복, 신발 깔창, 옷 속의 패드 등으로 다양하게 활용되고 있습니다. 특히 더운 환경에서도 두꺼운 옷을 입어야 하는 소방관의 경우 PCM 소재는 매우 유용합니다. 소방복은 단열이 필수적인데 이때 단열 소재는 몸의 열을 외부로 발산하는 것도 막아 버리기 때문에 소방복 안은 찜통 같을 수밖에 없습니다. 하지만 PCM 소재를 소방복 내피에 넣으면 외부의 열기는 막고, 내부는 시원하게 유지할 수 있습니다.

교복도 아닌데 옷 한 벌로 1년을 보내고 싶지는 않겠지만 이러한 PCM 소재를 이용하면 내 마음에 드는 옷을 계절에 상관없이 입을 수 있답니다. 역시 가장 큰 장점은 두껍게 껴입지 않아도 추위를 막을 수 있기 때문에 편하게 활동할 수 있다는 데 있겠죠. 이제 우리는 추위와 더위를 동시에 막아 주는 요술 같은 옷을 곧 입을 수 있을 것입니다.

2
패션은 디지털로 진화한다
옷에도 적용되는 디지털 기술

디지털 섬유와 디지털 패션쇼

오늘날 우리는 수많은 디지털 제품 속에 둘러싸여 정보를 주고 받고 있습니다. 우리 주변의 많은 것들, 즉 텔레비전, 전화, 책, 사진 등은 거대한 디지털의 물결 속에서 빠르게 디지털화되었습니다. 디지털 텔레비전은 깨끗하고 선명한 화면을 제공하여 안방극장이라는 말이 실감나게 만들어 줍니다. 또한 디지털 음원들은 몇 번을 복사해도 원본과 같은 깨끗한 상태를 유지합니다. 이와 같이 디지털은 아날로그에 비해 많은 장점을 가지고 있기 때문에 우리 생활은 빠르게 디지털화되어 가고 있습니다. 이러한 추세는 패션계도 예외가 아닙니다. 이미 디지털 기술은 패션 산업의 핵심으로 자리 잡았으며, 생산에서 판매에 이르는 모든 과정에 막대한 영향력을 행사하고 있습니다. 그렇다면 패션 속의 디지털 기술에는 어떤 것들이 있을까요?

패션계에 부는 디지털 바람

아날로그는 어떤 수치의 연속적인 물리량을 나타내는 말이며, 디지털은 아날로그와 반대되는 개념으로 여러 자료를 유한한 숫자로 나타내는 방식을 뜻합니다. 간단하게 시계를 예로 들어 볼까요? 아날로그시계는 바늘이 연속적으로 회전하기 때문에 1초와 1초 사이의 시간도 표시할 수 있습니다. 하지만 디지털시계는 숫자로만 이루어져 있기 때문에 1초와 1초 사이의 중간 값은 표시할 수 없죠.

컴퓨터를 디지털 기기라고 하는 것은 컴퓨터가 0과 1이라는 불연속적인 값으로 작동하기 때문입니다. 최근에는 컴퓨터와 관련된 것은 모두 디지털이라 부르는 경향이 있습니다. 사진이나 음악을 컴퓨터를 통해 보거나 재생하면 디지털 사진이나 디지털 음악이라 부르기도 합니다.

이러한 디지털 물결은 사회 전반에 흘러들고 있는데 패션도 예외가 아닙니다. 대개 패션 디자이너들은 연필로 스케치북에 만들고자 하는 옷을 그립니다. 하지만 이젠 스케치를 아예 컴퓨터로 하는 경우가 많아졌습니다. 이외에도 디지털 염색, 디지털 직조, 디지털 의복, 디지털 매장 등 '디지털'을 빼놓고 현대 패션을 논할 수 없을 만큼 디지털 기술은 이미 패션계에 깊숙이 뿌리내렸습니다.

디지털 기술이 패션계에 끼친 영향은 많이 있지만 크게 패션 자체의 변화와 생산 및 소비 방법의 변화로 구분할 수 있습니다. 즉 디지털 기술에 의해 생긴 의복 자체의 변화와 이를 만들고 소비하는 방법의 디지털화로 구분해 볼 수 있습니다.

우선 패션 자체의 변화는 자연에는 존재하지 않는 새로운 섬유를 만든 것을 들 수 있습니다. 이처럼 디지털 기술에 의해 새롭게 탄생한 섬유를 '디지털 섬유'라고 합니다. 일종의 퓨전 기술에 의해 탄생한 제품이라고 할 수 있습니다. 디지털 섬유는 단순히 MP3나 휴대전화와 같은 전자기기를 섬유에 장착한 전자 섬유e-Textile와 인체와 상호 정보교환이 가능한 지능형 섬유i-Textile로 나눌 수 있습니다. 하지만 최근에는 전자 섬유와 지능형 섬유의 경계를 허무는 제품들이 많이 출시되고 있어 이러한 구분이 특별한 의미를 갖지는 못합니다.

똑똑한 스마트 의류

디지털 섬유로 만들어진 옷은 '스마트 의류'라고 부릅니다. '스마트'라는 표현을 사용하는 물건들은 말 그대로 똑똑한 기능을 가지고 있습니다. 스마트폰은 전화기의 역할을 넘어 개인 휴대 단말기의 기능까지 수행하며, 스마트 빌딩은 냉난방 시설은 물론 전력이

스마트폭탄
'레이저폭탄'이라고도 부른다. 목표물에 쏜 레이저 광선의 반사를 통해 유도하는 폭탄.

나 화재, 보안 시스템까지 알아서 통제하는 똑똑한 건물입니다. 물론 스마트폭탄과 같이 똑똑한 것이 항상 좋은 곳에 쓰이는 것만은 아니지만 대체로 스마트한 물건들은 사람들이 사용하는 데 많은 도움을 줍니다.

스마트 의류는 옷을 입은 사람의 기분이나 상태를 파악해 다양한 도움을 줍니다. 착용자의 기분이나 상황에 맞춰 옷에 부착된 미세한 관을 통해 향기를 풍기기도 하죠. 향수를 옷에 뿌리는 방식이 아니라 옷이 알아서 향기를 발산하는 것입니다.

또한 상황에 따라 색이 바뀌거나 옷의 디자인이 변하기도 합니다. 이것은 전기 변색과 전자 발광 현상을 이용해 옷의 색깔을 변화시키기 때문에 가능합니다. 더 재미있는 것은 마치 영화처럼 옷의 길이가 변하는 것도 가능하다는 사실입니다. 형상기억합금은 온도에 따라 모양이 바뀌는 금속인데, 이것을 이용하면 기온에 따라 소매의 길이를 변화시킬 수 있습니다.

스마트 의류는 착용자의 일상적인 목적 이외에도 의료, 군사, 소방 등 다양한 분야에 활용될 수 있습니다. 스마트 의류를 입고 있는 사람이 사고를 당해 위급한 상황에 처하게 되면 옷이 자동으로 병원이나 경찰서에 알립니다. 즉 스마트 의류가 심장박동, 호흡 비율, 심전도, 혈당 등을 체크하여 위급 상황이 발생했을 때 환자의 위치를 알려 주는 것입니다. 더욱 놀라운 것은 스마트 의류에 멤스 Micro Electro Mechanical System, MEMS 기술을 도입하면 옷이 간단한 응급처치까지 할 수 있다는 것입니다. 시간을 다투는 응급 상황에서

멤스
미세 전자기계 시스템. 머리카락 절반 두께의 초소형 기어, 손톱 크기의 하드디스크 등 초미세 기계구조물을 만드는 기술로 21세기 최고 유망 기술로 손꼽힌다.

똑똑한 스마트 의류는 위급 상황에 더욱 빛을 발합니다. 경찰서나 소방서에 스스로 연락하는 것은 물론 응급처치까지 합니다.

스마트 의류는 수호천사인 셈입니다.

　광섬유를 이용한 군사용 스마트 의류는 전쟁터에서 관통상을 입었을 경우 부상 부위를 정확하게 알려 줍니다. 이 정보에 따라 의무병은 살 가능성이 조금이라도 더 높은 부상자에게 집중합니다. 냉혹하게 들릴지도 모르지만 한 명의 병사라도 더 살리기 위해서는 살릴 수 있는 병사에게 의무병을 투입할 수밖에 없습니다.

　화재 현장에서는 사망의 원인이 대개 유독가스입니다. 소방관들에게도 유독가스는 매우 위험합니다. 이때 산소 농도나 유독가스 유무를 알려 주는 스마트 의류는 생명을 구할 수도 있습니다. 화재 시 대피로를 알려 주는 카펫 또한 많은 사람들의 목숨을 구할 수 있을 것입니다. 이처럼 디지털 섬유는 개인의 취향이나 목적에 따라 다양한 스마트 의류 제작을 가능하게 합니다.

패션은 디지털로 진화한다

디지털 기술은 이처럼 새로운 섬유를 만드는 것뿐만 아니라 기존의 의류 제작과 판매 방식에도 새로운 변화를 가져왔습니다. 전통적인 의류제작자들은 새로운 옷을 기획하기 위한 다양한 정보를 얻고자 많은 전시회나 자료 발표회, 패션쇼에 참가해야 했습니다. 수많은 의복 형태에 대한 자료를 수집하는 데에도 많은 노력이 필요했습니다. 하지만 오늘날에는 많은 정보들이 데이터베이스로 구축되어 있어 인터넷을 통해 정보를 쉽게 구할 수 있습니다.

기획이 끝나면 과거의 디자이너들은 연필로 스케치를 하고 여기에 여러 가지 물감을 칠해서 디자인을 했습니다. 많은 유명 디자이너들이 그렇게 작업을 했죠. 하지만 이러한 방식으로는 다양한 무늬와 색을 시험해 보는 데 시간적 제약이 생길 수밖에 없습니다. 오늘날에는 포토샵이나 일러스트레이터 같은 소프트웨어를 이용하여 간단한 조작만으로도 다양한 옷을 손쉽게 디자인할 수 있게 되었습니다. 이러한 디지털 디자인의 장점은 이것만이 아닙니다. 이렇게 완성된 디지털 디자인은 디지털프린트를 통해 간단하게 옷으로 탄생할 수 있습니다. 디지털프린트 시스템은 색깔별로 따로 인쇄했던 기존 방식과 달리 잉크젯 프린터와 같이 다양한 잉크를 함께 분사하는 시스템으로, 색상의 제한 없이 다양한 색을 디자인에 활용할 수 있게 합니다.

과거에는 디자인 작업 완료 후 이를 옷으로 만들기 위해서는 실물 크기의 종이를 봉제할 부위에 맞추어 일일이 패턴을 그려야 했습니다. 또한 다양한 치수의 옷이 필요하기 때문에 이에 맞는 엄청난 패턴을 그려야 했습니다. 하지만 패턴 디자인 시스템을 이용하면 패턴 작업을 손쉽고 정확하게 할 수 있습니다. 또한 그레이딩 grading 시스템을 이용하면 데이터베이스를 이용해 다양한 수치의 옷도 간단하게 디자인할 수 있습니다.

수작업으로 패턴을 배열하던 시절에는 원단을 낭비할 수밖에 없었습니다. 하지만 컴퓨터의 도움을 받아 패턴을 배열하게 되면 원단을 최대한 아낄 수 있습니다. 이와 같이 디지털 생산과정을 거쳐 완성된 시제품에 수정할 것이 생기더라도 컴퓨터를 통해 필요한 부분만 수정하면 됩니다. 나머지는 모두 새롭게 계산되어 자동으로 처리되기 때문에 수정 작업도 한결 쉬워집니다.

디지털 기술은 소비 형태에도 변화를 줄 것입니다. 인터넷을 통해 옷을 사면 화면상에서 보이는 것과 달라서 실제로 입어 보면 느낌이 다른 경우가 많았습니다. 이는 모델의 신체 치수와 외모가 소비자와 다르기 때문에 일어나는 현상입니다. 하지만 인터넷상에서 아바타에게 옷을 입혀 디지털 패션쇼를 연다면 이러한 혼란은 많이 줄어들 것입니다.

실제 패션쇼에는 많은 비용과 시간이 들기 때문에 개최에 어려

그레이딩
표준 사이즈를 기본으로 하여 부위별 치수에 따라 확대·축소하는 일. 각 사이즈별로 패턴을 만드는 것보다 시간이 절약되는 장점이 있어, 대량생산을 하는 기성복 제조에 많이 사용된다.

움이 많습니다. 하지만 미래의 디지털 패션쇼는 많은 비용을 들이지 않아도 된다는 장점이 있죠. 의류제작자들은 디지털 패션쇼를 보고 자신이 만든 옷이 어떤 모습으로 보일지 알 수 있을 것입니다. 그리고 디지털 패션쇼를 통해 디자인에도 많은 영감을 얻을 수 있을 것입니다.

3
슈퍼맨은 왜 만날 쫄쫄이만 입을까
슈퍼 영웅들이 즐기는 옷, 스판덱스

슈퍼 영웅과 쫄쫄이

지구를 지키는 슈퍼 영웅들은 정말 많습니다. 앞으로 지구의 미래를 전혀 걱정하지 않아도 될 것 같지요? 수많은 슈퍼 영웅 중에서도 단연 돋보이는 것은 바로 슈퍼맨입니다. 슈퍼맨의 상징은 가슴팍에 선명하게 새겨진 'S'자일 것입니다. 그리고 팬티를 바지 밖으로 입은 독특한 패션도 슈퍼맨의 트레이드 마크라고 할 수 있습니다. 미확인 소식통에 의하면 슈퍼맨 가슴에 새겨진 'S'가 스판덱스spandex의 약자라는 이야기가 있을 정도로 슈퍼맨의 쫄쫄이 패션은 인상적입니다. 슈퍼맨의 이러한 쫄쫄이 패션은 슈퍼 영웅들의 상징처럼 되어서 스파이더맨이나 인그레더블 같은 다른 영웅의 패션에도 지대한 영향을 주었습니다. 그렇다면 슈퍼 영웅들과 사연이 많은 쫄쫄이는 과연 어떤 옷일까요?

쫄쫄이의 정체는?

원래 쫄쫄이는 어린아이나 여성들이 입는 속옷으로 면이나 나일론으로 만들어진 신축성 내의를 말합니다. 요즘에는 몸에 딱 붙는 옷의 대명사로 폭넓게 사용되는 편입니다. 면이나 나일론은 신축성이 그렇게 뛰어나지 못하기 때문에 슈퍼맨의 매끄러운 몸매를 드러내기 위한 소재로 쓰이기는 어렵습니다. 슈퍼맨이나 스파이더맨이 몇 번 출동하고 나면 면으로 만든 옷은 아마 팔꿈치나 무릎 부분이 헐렁해져서 정말로 볼품없이 보일 것입니다.

슈퍼맨의 쫄쫄이는 단순한 면스타킹이 아닙니다. 슈퍼맨의 매끄러운 보디라인을 살려 주기 위해 사용될 수 있는 소재는 바로 뛰어난 신축성을 지닌 탄성섬유입니다. 탄성섬유가 등장하기 전 신축성이 필요한 곳에는 천연 고무사rubber thread가 사용되었는데, 이것은 말 그대로 고무옷이라고 할 수 있었죠. 고무로 만든 옷이니 쫄쫄이보다 잘 늘어날 것 같지만 고무옷은 탄성섬유에 비해 여러 가지 물리·화학적 기능이 많이 떨어집니다.

탄성섬유의 재료로는 폴리우레탄이나 폴리에스테르, 폴리부틸

탄성섬유
고무줄처럼 쉽게 늘어나고 줄어드는 섬유를 가리킨다.

폴리우레탄
우레탄urethane 결합을 갖는 섬유. 1937년 독일의 바이에르Bayer에서 '폴론U'를 만든 것이 최초이다. 미국 연방 거래위원회에서는 우레탄 결합이 85퍼센트 이상인 섬유를 탄성섬유라고 부른다. 고무와 같은 신축성을 가져 속옷이나 잠수복 등에 많이 응용된다.

폴리에스테르
테레프탈산과 에틸렌글리콜을 축합중합시켜 만든 섬유. 폴리에스테르 중 가장 흔한 것이 폴리에틸렌테레프탈레이트PET로, 일반적으로 폴리에스테르라고 하면 PET를 가리킬 때가 많다. 폴리에스테르는 원료 가격이 싸기 때문에 저가 의류에 많이 사용된다.

렌테레프탈레이트 등이 사용되지만 가장 많이 쓰이는 것은 폴리우레탄입니다. 어디서 많이 들어 본 이름이죠? 폴리우레탄은 방음재, 카펫, 신발 등에 많이 사용되는 물질입니다. 1930년대부터 독일에서 폴리우레탄으로 섬유를 만들기 위한 연구를 시작하여, 1959년 미국의 듀폰에 의해 상업화되었습니다. 듀폰은 이 폴리우레탄 섬유에 '라이크라Lycra'라는 이름을 붙였는데, 이것이 바로 최초로 상용화된 스판덱스입니다. 스판덱스가 마치 탄성섬유의 대명사처럼 불리는 것은 대부분의 탄성섬유가 폴리우레탄계 섬유인 스판덱스로 만들어지기 때문입니다. 따라서 옷의 라벨에 폴리우레탄이 몇 퍼센트 포함되어 있다는 표시가 있으면 바로 스판덱스가 들어간 옷이라고 보면 됩니다.

스판덱스는 섬유이지만 고무보다도 탄성이 뛰어나 원래 길이의 7배 이상 늘어날 수 있으며, 복원력도 뛰어납니다. 그래서 스판덱스로 만든 옷은 몸에 착 달라붙을 뿐만 아니라 몇 번을 입어도 원래의 모양을 그대로 유지합니다. 또한 강도나 탄성 등이 우수하며 염색도 잘 됩니다. 화학적으로 포화된 상태이기 때문에 산이나 알칼리와 같은 화학약품에도 강합니다. 스판덱스는 이렇게 우수한 성질을 가지고도 고무사보다 가늘게 만들 수 있는 특징을 가지고 있기 때문에 고무사를 밀어내고 탄성섬유의 대명사가 된 것입니다.

스판덱스가 이렇게 마음대로 늘어났다가 원래 상태로 돌아올 수 있는 것은 서로 다른 두 가지 성질로 만들어져 있기 때문입니다. 스판덱스는 '하드 세그먼트hard segment'와 '소프트 세그먼트soft segment'

폴리부틸렌테레프탈레이트
폴리에스테르의 일종으로 테레프탈산과 에틸렌글리콜과 부탄디올의 축합중합 반응으로 만든다. 탄성이 우수하여 팬티스타킹이나 란제리, 스포츠 웨어나 진jean 등에 사용된다.

라는 두 부분으로 이루어져 있습니다. 하드 세그먼트는 상온에서 견고한 형태를 유지하며 모양이 쉽게 변하지 않는 성질을 갖고 있습니다. 반대로 소프트 세그먼트는 마치 고무처럼 분자 간의 결합 구조가 쉽게 변하는 성질을 갖고 있습니다. 따라서 스판덱스를 잡아당겼을 때 쉽게 늘어나는 것은 소프트 세그먼트에 의한 것이며, 원래의 상태로 돌아가는 것은 하드 세그먼트에 의한 것입니다. 이렇게 서로 다른 성질을 가진 두 부분이 잘 협력하면 스판덱스가 놀라운 성질을 갖게 됩니다.

스판덱스는 영웅의 전유물이 아니다

〈스파이더맨〉에서 피터는 자신에게 놀라운 능력이 있다는 사실을 알고 돈을 벌기 위해 격투기 대회에 참가합니다. 피터는 자신의 신분을 숨기기 위해 거미 무늬 옷을 입는데, 집에서 남는 헝겊으로 직접 만들어서인지 헐렁한 것이 영 볼품없습니다. 하지만 격투기 대회에서 우승하고 '스파이더맨'이라는 이름을 얻고 난 후 피터는 스판덱스 복장으로 옷을 바꿉니다. 이때부터 그는 진정한 영웅의 모습으로 활동하게 됩니다. 〈인크레더블〉에서는 '에드나 모드'라는 영웅 복장 전문 디자이너가 등장합니다. 에드나는 영웅들에게 복장의 중요함에 대해 설명하면서 인크레더블의 가족들에게 맞춤형 스판덱스 복장을 만들어 주죠. 슈퍼맨도, 스파이더맨도, 인크레더블도 입는 스판덱스 옷. 정말 스판덱스 복장은 영웅들의 전유물인

슈퍼 영웅들은 왜 만날 쫄쫄이만 입는 것일까요? 비밀은 스판덱스에 있습니다.

것일까요?

　스판덱스가 보디라인을 너무 적나라하게 드러내기 때문에 일반인의 복장으로는 사용할 수 없을 거라고 생각하겠지만 이미 스판덱스는 우리 생활 속에 깊숙하게 자리 잡고 있습니다. 물론 스판덱스만 써서 옷을 만들어 입으면 너무 민망한 모습이 연출될 수도 있습니다. 하지만 스판덱스 없이 여성 내의를 논할 수 없을 정도로 이미 스판덱스는 중요한 소재이며, 입었을 때 편안함이 강조되는 일상복에도 널리 사용되고 있습니다.

　스판덱스가 포함된 청바지는 잘 늘어나며, 체형을 잘 살려 주기 때문에 여성용 청바지에 흔히 사용됩니다. 스판덱스는 용도에 따라 다양한 비율로 다른 섬유와 혼용하여 사용되는데, 체형보정 속옷과 같은 경우에는 스판덱스 함유율이 높고, 청바지와 같은 경우에는 함유율이 낮습니다.

스키, 스케이트, 사이클같이 공기저항이 경기의 승패에 중요한 역할을 하는 부분에서는 스판덱스가 선수에게 더없이 소중한 소재가 됩니다. 옷이 몸에 붙을수록 공기저항이 줄어들기 때문에 빠른 속력으로 움직여야 하는 경우에는 스판덱스가 이상적인 소재라고 할 수 있습니다. 스판덱스는 공기저항뿐만 아니라 선수들의 활동성을 최대한 높이는 데에도 사용되기 때문에 운동복으로 각광받고 있습니다. 또한 탄력성이 뛰어나 흘러내릴 염려가 없어 수영복 소재로도 아주 좋습니다. 그렇기 때문에 활동이 많고 빠른 속력으로 하늘을 날아다녀야 하는 슈퍼 영웅의 옷은 당연히 스판덱스로 만들어야 하는 것입니다.

이제 스판덱스는 의료용 보호 패드나 우주에서 보풀이 일어나지 않는 옷을 만들 때도 유용하게 사용됩니다. 우주선 내에서는 중력이 작용하지 않기 때문에 보풀이 공기 중에 떠다니다 호흡기로 들어갈 수도 있습니다. 하지만 스판덱스는 보풀이 잘 일어나지 않습니다. 게다가 운동이 필요한 우주인이 근육을 조금이라도 더 자주 움직일 수 있도록 돕지요.

영화에서처럼 총알을 튕겨 내거나 뜨거운 불길에도 견딜 수 있는 정도의 강도와 내열성을 가진 스판덱스 제품은 아직까지 없습니다.

하지만 천의무봉天衣無縫이라 했던가요? 최근 스판덱스는 봉제선이 없는 무봉제 의류 제조에 많이 사용되고 있습니다. 이는 무봉제 제품들이 편안하고 몸매를 잘 살려 주기 때문이라고 합니다. 혹시 우리의 슈퍼 영웅들도 모두 이러한 무봉제 옷을 입고 있는 것은 아닐까요? 역시 영웅들은 하늘이 내려 주는 것인가 봅니다.

천의무봉
천사의 옷은 꿰맨 흔적이 없다는 뜻으로, 일부러 꾸민 데 없이 자연스럽고 아름다우면서 완전함을 이르는 말.

4
옷이여, 총알을 막아라
생명을 지키는 방탄 공학

슈퍼 군인을 만드는 옷

고대와 중세 그리고 현대의 전투 장면을 보면 어느 시대 병사들인지 금방 알 수 있습니다. 이는 병사들이 사용하는 무기와 그들이 입고 있는 군복이 시대마다 모두 다르기 때문입니다. 고대에는 몸을 보호할 수 있는 것이라곤 기껏 동물의 가죽이 전부였습니다. 하지만 중세 시대로 넘어오면서 쇠로 만든 갑옷이 등장했으며, 현대에는 방탄조끼에 얇은 철판을 덧대는 군복을 입고 있습니다. 하지만 〈스타쉽 트루퍼스〉와 같은 SF 영화를 보면 미래의 군인들은 현재의 군인들과 다른 복장을 하고 있는 것을 볼 수 있습니다. 또한 영화 〈아이언 맨〉과 〈매트릭스〉, 그리고 최근에 인기를 끈 〈아바타〉에서는 '입는 로봇 Amplified Mobility Platform, AMP'으로 엄청난 전투력을 발휘하는 장면을 볼 수 있습니다. 과연 가까운 미래에 등장하는 병사들은 어떤 모습일까요?

무기의 과학

세상에 전쟁이 사라진다면 얼마나 좋을까요? 하지만 안타깝게
도 현실은 그렇지 못합니다. 인간세계에서 전쟁을 없애지 못하는
한 군인이 존재할 수밖에 없고 더 우수한 무기를 만들기 위한 경쟁
도 끝나지 않을 것입니다. 전쟁을 피할 수 없다면 한 명의 병사라도
더 보호하는 것이 중요합니다. 전쟁에서 승리하려면 병사 개개인이
더 뛰어난 능력을 가지고 더 많은 임무를 수행해야 합니다. 그렇기
때문에 세계 각국은 병사들의 능력을 향상시킬 수 있는 다양한 장
비 연구에 막대한 예산을 투입하고 있습니다.

전쟁에서 이기기 위해서 더 우수한 무기를 갖춰야 하는 것은 당
연합니다. 하지만 전쟁에서는 무기만 중요한 것이 아니라 '비무기'도
중요합니다. 무기가 최대한 성능 을 발휘히려면 비무기의 지원이 필
요하기 때문입니다. 자동차 같은 무기 이외의 장비와 각종 전쟁 물
자가 비무기 체계에 해당됩니다.

비무기 중 개인 방어 장비에 대해 살펴볼까요? 병사들에게 지급
되는 개인 방어 장비에는 방탄모, 방탄조끼, 전투복과 전투화 등

이 있습니다. 일반적으로 전쟁터에서 병사들에게 가장 위협적인 것은 초속 600미터 정도의 속력으로 날아오는 1그램 정도의 폭탄 파편입니다. 물론 오늘날의 방탄모는 이렇게 위협적인 폭탄의 파편도 막아 낼 수 있답니다. 하지만 무기가 더욱 강력해지고 있기 때문에 방어 장비의 성능도 지금보다 훨씬 향상되어야 합니다. 더 가벼운 장비들이 등장할수록 병사들의 행동반경은 더욱 넓어지게 됩니다. 단지 몇 킬로그램만 가벼워지더라도 장거리를 이동하는 병사들에게는 엄청난 도움이 될 것입니다.

병사를 보호하기 위한 방탄 공학

총알이나 파편이 가진 운동에너지는 병사의 장갑을 뚫고 운동에너지가 모두 일(총알이 병사 몸과의 마찰력에 의해 움직인 거리)로 바뀔 때까지 병사의 몸을 침투하게 됩니다. 운동에너지가 크면 몸도 충분히 관통할 수 있습니다(생각만 해도 참으로 끔찍한 일입니다). 따라서 더 큰 운동에너지를 가진 총알이나 파편이 더욱 위협적인 무기가 되는 것입니다. 운동에너지는 질량과 속력의 제곱에 비례하기 때문에 운동에너지를 크게 하기 위해 총알이 더 빠르게 날아가게 하거나, 무거운 철심이나 열화우라늄을 사용하기도 합니다.

갑옷이나 방패는 고대 그리스에서 처음 등장했습니다. 그만큼 방호 장비에 관한 연구는 오래되었습니다. 하지만 총알이나 파편을 막는 방탄 공학에 대한 연구는 제2차 세계대전 당시 미국 공군

열화우라늄
핵연료의 유효 성분인 우라늄 235의 함유량이 천연 우라늄보다 감소한 우라늄. 흔히 원자로에서 사용이 끝난 우라늄을 가리킨다.

의 부상자 조사에서 시작되었습니다. 이 연구에서 부상자의 부위와 부상 정도를 조사한 후, 제2차 세계대전이 끝날 무렵 병사들에게 몸체용 장갑을 착용하게 한 것이 방탄복의 시초입니다. 장갑을 착용한 후 무려 74퍼센트의 부상을 줄일 수 있었으며, 한국전에서는 방탄조끼의 착용으로 가슴과 목 부위의 부상이 70퍼센트 이상 줄었다고 합니다.

방탄재료에는 금속, 섬유, 세라믹 등이 사용됩니다. 이 중에서도 방탄재료로 가장 널리 사용된 것은 금속입니다. 금속은 다양한 총알과 파편에 대해 뛰어난 방탄 성능을 지니면서, 잘 부서지지도 않는 특성을 가지고 있어 다양한 용도의 방탄재료로 사용되었습니다. 하지만 금속은 무겁기 때문에 알루미늄 합금이나 **티타늄** 합금으로 만들어 사용하며, 특히 항공기를 만들 때에 많이 사용됩니다. 개인용으로는 합금보다는 나일론이나 유리, 아라미드나 폴리에틸렌 섬유 등이 사용됩니다.

티타늄
Ti. 그리스 신화의 거인족 타이탄에서 따온 이름으로 지각에서 9번째로 풍부한 원소이다. 알루미늄보다 1.5배 무겁지만 경도는 6배나 강해 항공 산업을 비롯해 고강도, 내식성, 내열성이 필요한 곳에 다양하게 사용된다.

미래의 슈퍼 군인

과거의 전투복이 단지 총알이나 파편에 대한 방어 기능만 기졌다면, 미래의 전투복은 이보다 훨씬 다양한 기능을 갖추게 될 것입니다. 또한 미래의 군인은 하나의 이동 작전 본부라 불릴 만큼 다양한 정보를 보유하게 됩니다. 컴퓨터 게임처럼 전장에 투입된 병사는 자기 눈으로 얻은 정보뿐만 아니라 인공위성이나 정찰기를 통해 얻은 정보를 가지고 전투에 참여합니다. 이러한 일이 가능하기 위해서는 '전투용 전자섬유'가 필요합니다.

전투용 전자섬유로 만든 군복 내부에는 병사의 다양한 생체 신호가 파악되어 사령부로 보내집니다. 그리고 군복에 내장된 안테나를 통해서는 외부의 정보를 받고 사령부와 대화도 할 수 있습니다. 또한 전투모에 부착된 화면을 통해서 실시간으로 정보를 받는 것도 가능합니다. 군복에 부착된 음향 탐지용 센서로 주변의 움직임을 보다 정확하게 아는 일도 가능하게 될 것입니다.

하지만 이러한 기술이 항상 장점만 가지고 있는 것은 아닙니다. 장비를 통해서 많은 정보를 얻을 때 통신 도중 적에게 자신의 위치가 노출될 위험성도 있기 때문입니다. 이는 마치 휴대전화로 위치를 추적하는 것과 같아서 병사들의 위치가 적에게 노출될 수도 있습니다.

군인들이 전장에서 겪게 되는 또 다른 어려움은 장비들이 너무 무겁다는 것입니다. 장비들이 무거울 경우 행동반경이 줄어들기 때문에 우수한 성능을 가지면서도 가벼운 장비를 만들 필요가 있습니다. 이렇게 장비의 부피와 무게를 줄이는 데에는 나노 기술이 활용될 수 있습니다. 나노 발수 코팅을 하면 군복이나 군용 우의가 가벼워지면서도 성능은 더 뛰어나게 되고, 나노 기술을 이용하면 방탄 성능이 뛰어난 군복도 제작할 수 있습니다. 나노 기술을 이용하여 분자를 침대 매트리스의 스프링처럼 만들면 총알을 막아 내는 군복 제작도 가능할 것입니다. 이 군복은 총알의 운동에너지를

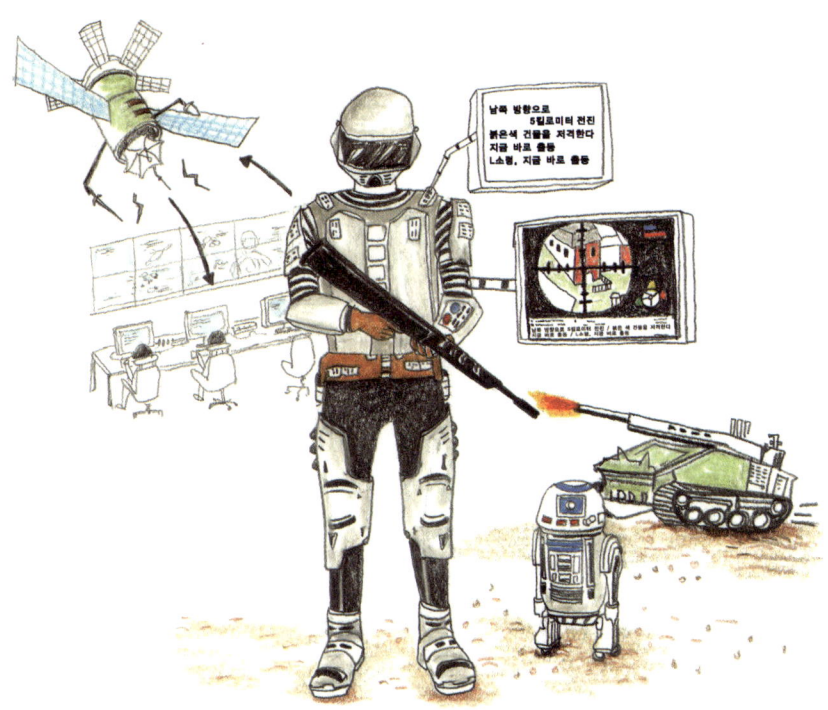

미래의 군인은 혼자서도 이동 작전 본부 역할을 하게 될 것입니다. 전투용 전자섬유만 있다면 전투복으로 명령을 전달받고 실행하는 일이 가능합니다.

열에너지로 변환시켜 총알이 몸으로 뚫고 들어오는 것을 차단시켜 줍니다. 또는 다리를 세울 때와 같이 트러스 구조의 소재나 벌집 모양의 구조를 이용해 튼튼한 방탄조끼를 만들 수도 있습니다.

　미래형 군복의 놀라움은 이뿐만이 아닙니다. 평상시에는 일반 섬유와 같이 부드럽지만 병사가 부상을 입게 되면 옷이 딱딱하게 변해서 부목으로 사용할 수 있도록 경도가 변하는 섬유도 연구 중이라고 합니다.

트러스 구조
직선으로 된 여러 개의 뼈대 재료를 삼각형이나 오각형으로 얽어 짜서 지붕이나 교량 등의 도리로 쓰는 구조물.

전투 시에는 총알과 폭탄뿐 아니라 생화학 무기 역시 심각한 위협이 됩니다. 미래의 군복에는 생화학 무기에 대한 센서가 부착되어 가스나 세균 무기에 대한 경보와 동시에 방어도 할 수 있게 될 것입니다. 적외선을 이용하면 이러한 생화학 무기 검출이 가능할 것이라고 합니다. 인체에 유해한 세균이 침투하지 못하도록 항균 코팅이 되어 병사를 보호할 수도 있습니다. 또한 덴드리머dendrimer 나 나노 미립자 박막이 독극물을 흡수하여 인체 내로 침투하는 것을 막을 수 있습니다.

아무리 방탄조끼를 입고 다양한 센서가 부착되어 생화학 무기에 대비한다고 하더라도 부상을 완벽하게 막기는 힘듭니다. 그러므로 부상당한 병사를 치유하고 부상 정도를 알리는 시스템이 필요합니다. 부상병을 치료하기 위해 군복에 포함된 약제를 나노 크기의 기공을 통하여 상처 부위에 투입하는 방법이 있습니다. 이렇게 응급 조치를 함과 동시에 군의관에게 부상 정도를 통보하면 후송 여부를 판단할 수 있게 됩니다.

역시 아무리 좋은 방어 수단이 있어도 이러한 기능을 사용할 일이 없는 것이 가장 좋겠죠. 전쟁은 대의명분이 확실하더라도 분명 비극적인 일이기 때문입니다.

덴드리머
중심 분자로부터 나뭇가지 모양의 단위 구조가 반복적으로 뻗어 나오는 거대 분자 화합물. 덴드리머는 중심에서 일정한 모양이 반복되어 결국 구형에 가까운 모양이 되고, 이 바깥에 다양한 반응기를 결합시킬 수 있다. 특정 세균을 죽일 수 있는 반응기를 붙이면 세균에만 반응하는 분자가 되는 것이다. 이러한 방법은 의학용뿐 아니라 산업재료 제작에도 다양하게 활용할 수 있다.

박막
기계 가공으로는 실현 불가능한 두께가 마이크로미터 이하인 얇은 막.

5
스스로 숨을 쉬는 옷
온도 조절은 물론 방수까지 되는 고어텍스

옷이 숨을 쉰다?

봄이 되어 산과 들에 꽃이 만발하거나 단풍놀이의 계절이 찾아 오면 많은 사람들이 산을 찾습니다. 요즘엔 등산 장비들이 좋 아서 한파가 몰아치는 겨울에 산을 찾는 등산객들도 많고, 위험 한 빙벽을 오르는 아마추어 산악인도 많이 생겼습니다. 산에 갈 때에는 항상 산행에 필요한 장비들을 잘 갖춰야 합니다. 등산 복 매장에 가 보면 최근 등산 인구의 증가를 반영하듯 전문가 용 등산복부터 가벼운 산행을 위한 패션 등산복까지 다양하게 진열되어 있습니다. 등산복을 구경하고 있으면 판매원들이 "이 옷은 고어텍스로 만들어져 있어 옷이 숨을 쉽니다."라며 뛰어난 기능성을 가진 고가의 등산복을 권합니다. 판매원들은 왜 고어 텍스로 만든 옷을 권하는 것일까요?

투습과 방수 그리고 발수

좋은 옷은 보기에도 좋아야 하지만 입었을 때 상쾌한 느낌이어야 합니다. 이러한 상쾌한 느낌을 주는 가장 큰 요소는 바로 '습기'입니다. 등산할 때를 생각해 보세요. 전문 등산복을 입은 사람은 산 정상에서 외투를 벗었을 때 아무렇지도 않지만 일반 소재로 된 점퍼를 입은 사람의 몸은 땀으로 범벅이 된 것을 볼 수 있습니다.

등산을 하다가 몸에서 배출되는 땀에 의해 옷이 젖으면 느낌이 좋지 않을 뿐만 아니라 체온 유지에도 문제가 생깁니다. 따라서 몸의 습기를 신속하게 몸 밖으로 빼내야 합니다. 우리의 전통 옷감 중 이러한 기능을 제대로 해내는 것이 바로 삼베입니다. 삼베가 여름 옷감으로 사용되는 것은 습기를 방출하는 능력인 투습성이 좋기 때문입니다. 신속하게 땀을 흡수하여 배출하기 때문에 옷이 몸에 붙지 않아 쾌적함을 느낄 수 있는 것입니다. 하지만 투습성이 여름 옷에만 필요한 기능은 아닙니다. 투습성이 좋지 못한 옷은 기온이 떨어지면 콜라 캔에 물방울이 맺히듯이 옷 내부에도 물방울이 맺히게 되어 착용감을 떨어뜨립니다. 이와 같이 투습성은 옷을 입었

등산 장비가 발달하면서 등산 인구도 증가하고 있습니다. 등산복도 예외는 아닙니다. 전문가용부터 패션 등산복까지 다양한 상품이 나오고 있지요.

을 때 쾌적함과 관련된 매우 중요한 요소라고 할 수 있습니다.

투습이 내부의 습기를 빼내는 것이라면 방수와 발수는 외부의 습기가 내부로 침투하는 것을 차단합니다. 보통 발수를 방수의 일종으로 취급하지만 사실 발수는 방수와 원리가 조금 다릅니다. 간단하게 발수는 물을 튕겨 내는 기능이고, 방수는 물이 내부로 스며드는 것을 막는 기능이라고 보면 됩니다. 방수는 습윤(濕潤, 물이 침투하여 젖어 가는 것)에 대한 저항성을 갖는 것입니다. 일반적으로 방수가공은 폴리우레탄 재질을 코팅하거나 필름 형식으로 막을 코팅하는 방식을 사용하여 물의 침투를 막습니다.

발수는 '물을 밀어낸다'는 뜻으로 표면장력이 큰 물이 표면장력
이 작은 물체 위에서 퍼지지 않고 방울지게 되는 현상을 말합니다.
기름칠을 해서 기름종이를 만드는 것처럼 표면장력이 작은 기름과
같은 물질을 이용해 물이 방울지게 하여 내부로 스며들지 못하게
하는 것이 바로 발수입니다. 과거에 흔히 사용되었던 '기름 먹이기'
는 무극성인 기름을 이용해 극성 분자인 물을 막아 내는 방법으로
손쉽게 발수 효과를 얻을 수 있었습니다. 하지만 '물과 기름'이라는
표현에서 알 수 있듯이 기름은 물에는 효과적이지만 같은 기름을
만났을 경우에는 발수(정확하게는 발유라고 해야겠지만 이런 표현은
잘 사용하지 않습니다) 효과를 얻을 수 없는 단점이 있습니다.

그렇다면 물과 기름을 모두 튕겨 낼 수는 없을까요? 물과 기름뿐
아니라 어떤 물질과도 반응하지 않으려는 성질을 가진 물질이 있습
니다. 바로 프라이팬으로 유명한 테플론Teflon이죠. 테플론은 너무
안정적인 화합물이라 어떤 물질과도 반응하지 않으려는 성질이 있
습니다. 그렇기 때문에 이상적인 발수 재료로 이용되고 있는 것입
니다. 테플론은 프라이팬에 음식물이 눌어붙는 것을 막는 것과 마
찬가지로 옷에서도 물과 기름을 튕겨 내는 역할을 합니다.

어떻게 투습과 방수 모두 가능할까?

방수와 발수 기능은 기름을 먹이는 방법을 통해 오랜 세월 동안
활용되었습니다. 투습 기능도 삼베와 같은 섬유를 이용해 효과적

으로 얻을 수 있었습니다. 하지만 투습과 방수는 서로 상반되는 현상이므로 옷 안의 습기는 배출하면서도 외부의 물을 안으로 스며들지 못하게 하는 투습방수 소재는 아무리 생각해도 불가능할 것 같습니다. 그렇다면 투습과 방수 기능을 모두 가졌다는 일명 '숨 쉬는 원단'은 어떻게 만들어진 것일까요?

1976년 미국 듀폰 사의 연구원이었던 W. L. 고어는 테플론 계 수지를 사방으로 잡아당겨 수많은 기공이 있는 막을 붙여서 고어텍스Gore-Tex를 발명했습니다. 이 고어텍스의 막에는 <mark>1제곱인치</mark>(대략 우표 크기)에 80억 개라는 엄청난 양의 구멍이 존재하는데, 이 구멍의 크기는 2마이크로미터밖에 되지 않습니다. 작은 빗방울이라 하더라도 지름이 1밀리미터 이상이기 때문에 이 작은 구멍을 뚫고 옷 내부로 들어오지 못합니다. 하지만 수증기는 이 구멍보다 약 700배 정도 작기 때문에 자유롭게 빠져나갈 수 있습니다.

1제곱인치
$1in^2=2.54cm^2$

혹시 주전자에서 나오는 김을 수증기라고 생각하시는 사람은 없겠지요? 주전자 입구에서 보이는 하얀 김은 수증기가 아니라 작은 물방울, 즉 물이랍니다. 따라서 눈에 보이는 김도 수증기에 비하면 엄청난 크기를 자랑합니다. 수증기는 절대로 눈에 보이지 않습니다. 즉 고어텍스의 비밀은 수증기는 통과시키지만 물방울은 통과시키지 않는 미세한 구멍에 있었던 것입니다.

투습방수 소재의 성능은 매우 뛰어나 극지방에서 차가운 바닷물에 빠졌더라도 구조만 빨리 된다면 몸이 거의 젖지 않는다고 합니다. 뛰어난 투습방수 원단은 2만 수주밀리미터(mmH_2O, 이는 20미터 물

내수압
직경 10밀리미터의 원통에
넣은 물이 몇 밀리미터의
높이가 되면 스며드는지를
숫자로 나타낸 것. 내수압
이 높을수록 방수력이 좋
음을 의미한다.

기둥이 내리 누르는 수압을 의미합니다)의 내수압을 가집니다. 이 정
도의 내수압이면 10미터 깊이의 물 속에 빠져도 물방울이 옷을 통
해 내부로 거의 들어오지 못합니다. 폭우가 쏟아질 때의 내수압이
2,000수주밀리미터, 폭우 속에서 오토바이를 탈 때 1만 수주밀리
미터의 내수압인 것을 고려하면 얼마나 방수 성능이 뛰어난지 알
수 있을 것입니다.

등산복을 입고 깊은 바다로 잠수할 사람은 없으니 이 정도의 내
수압만 가지고 있어도 폭풍우 속에서 충분히 견딜 수 있는 것입니
다. 하지만 일반인이라면 이런 극한적인 상황에 처할 일은 거의 없
습니다. 눈보라가 휘날리거나 폭우가 내린다면 아예 등산을 하지
않기 때문이죠. 이렇게 뛰어난 성능을 가진 등산복은 전문 산악인
들에게 필요한 것이라고 할 수 있습니다.

형상기억고분자
특정 조건에서 어떤 물체
를 일정한 모양을 가지도
록 만들어 놓으면, 그 이후
외부적 충격에 의해 모양
이 달라졌다 하더라도 그
물체를 처음과 동일한 조
건(온도, 빛, pH, 습도 등)
으로 만들어 주면 다시 원
래의 모양으로 되돌아가는
성질을 가진 고분자이다.

최근에는 형상기억고분자를 이용한 투습방수 소재도 만들어지
고 있습니다. 형상기억고분자는 저온일 때에는 분자 사이의 간격이
좁아졌다가 온도가 올라가면 분자 사이가 느슨해져 투습 효과가
나타납니다. 온도가 올라갈 경우에는 투습 작용이 활발하게 일어
나야 하기 때문에 이러한 형상기억고분자를 이용하면 체온을 유지
하는 데 도움을 받을 수 있습니다. 즉 활발하게 움직여 땀이 나면
체온이 올라가 수증기가 형성되는데 이 수증기를 배출할 수 있도록
섬유 분자 사이가 느슨해지는 것입니다. 반대로 체온이 내려가면
다시 촘촘해져 바람막이 기능을 하게 됩니다.

이외에도 '연잎 효과Lotus effect'를 이용한 소재도 있습니다. 연잎의

표면에는 아주 미세한 털이 있어서 물방울들이 연잎 위에서 퍼지지 않고 굴러 다닙니다. 이와 마찬가지로 극세화시킨 아주 가느다란 실로 섬유를 만들면 연잎 효과에 의해 발수현상이 나타납니다.

투습방수 기능을 가진 고어텍스가 처음 만들어졌을 때는 나사의 우주복에 사용되었습니다. 그리고 오리털 파카나 스키복 등의 특수 소재로 사용되다가 가치를 인정받아 지금은 등산복이나 스포츠 의류 소재로 널리 사용되고 있습니다. 고어텍스가 인기를 끌자 일본에서는 엔트란트Entrant, 국내에서는 하이포라Hipora라는 이름의 투습방수 소재가 개발되었습니다.

연잎의 특성을 활용하여 만든 섬유도 있습니다. 연잎 표면에 난 아주 미세한 털에서 아이디어를 얻은 것입니다.

최근 중소기업에서 만든 힐텍스Hill-tex는 그동안 투습방수 소재를 석권하다시피 한 고어텍스에 뒤지지 않는 품질을 가졌다고 합니다. 재미있는 것은 최근에는 고어텍스가 성형외과 수술에도 사용된다는 사실입니다. 고어텍스는 실리콘처럼 몸에 거의 부작용이 없고 조직의 기공 사이로 세포조직이 잘 자라나기 때문이지요.

6

아플 때는 옷을 입어라

옷장 안의 주치의, 입는 컴퓨터

나는 주치의를 입고 다닌다?

이미 우리 생활은 상상할 수 없을 만큼 많이 변했습니다. 항상 어디를 가든 다른 사람과 접속(접촉이 아닌)할 수 있어야 마음이 편한 세상이 된 것입니다. 학교나 가정에서 휴대전화 압수가 가장 큰 벌이 된 것처럼 사람들은 외부 세상과 단절되는 것을 두려워합니다.

패션이라고 예외일 수는 없습니다. IT 기술의 영향으로 새로운 개념의 의류들이 속속 등장하고 있습니다. IT 기술을 이용해 제작된 옷은 우리 생활을 더욱 편리하게 만들어 줄 뿐만 아니라 건강까지 지켜 줄 수 있습니다. 이러한 똑똑한 옷이 있다면 추운 겨울에 노인이나 어린이들이 건강 걱정을 많이 덜 수 있을 것입니다. 건강을 지켜 주는 옷이란 과연 어떤 것일까요?

IT와 패션의 만남

인류는 끊임없는 자기 영역의 확장을 통해 문명을 일으키고 세계를 정복해 나갔습니다. 과거 우리의 조상들은 단순히 공간의 확대에만 치중했지만 오늘날에는 시간과 공간의 동시성을 중요하게 여깁니다. 즉 글로벌 세상 아래 모든 사건을 누구나 동시에 알 수 있게 되는 세상이 온 것입니다. 이렇게 인류가 공간적 영역의 확장과 더불어 동시성을 누리게 된 것은 모두 통신 기술의 발달 덕분입니다. 통신 기술의 발달로 시간의 제약을 넘어 활동 영역을 더욱 넓혀 나갈 수 있게 된 것입니다.

이렇게 인류가 지리적 영역을 넘어 시간의 영역까지 넓혀 가기 시작한 통신 기술의 중심에는 바로 유비쿼터스ubiquitous 가 있습니다. 유비쿼터스란 물, 불, 공기, 돌을 가리키는 라틴어에서 유래된 말로 '언제 어디서든 동시에 존재할 수 있다.'라는 의미입니다. 즉 유비쿼터스 기술은 모든 물건에 컴퓨터가 내장되어 있어서 언제 어디서나 컴퓨터와 접속할 수 있는 환경을 말하는 것입니다. 이미 우리의 생활환경은 유비쿼터스와 함께 변화되기 시작했으며 이는 패션이라고 해서 예외일 수 없습니다.

　패션이 컴퓨터 기술과 접목되기 시작한 것은 40여 년 전으로 거슬러 올라갑니다. 컴퓨터 기술의 비약적인 발전과 더불어 1968년에는 입을 수 있는 '웨어러블 컴퓨터Wearable Computer'가 등장했습니다. MIT의 이반 서덜랜드Ivan Sutherland 교수가 머리에 착용하는 HMDHead Mounted Display를 발명한 것을 시초로, 이후 컴퓨터 소형화 기술에 힘입어 1980년대를 거치면서 허리나 손목에 차는 형태의 소형 컴퓨터가 개발되었습니다. 하지만 이러한 웨어러블 컴퓨터는 컴퓨터를 단지 몸에 부착한 것일 뿐 의류로 보기는 어려웠습니다. '걸치는' 컴퓨터라고 할 만큼 불편했던 것이죠. 그래서 이러한 발명품은 게임이나 가상 시뮬레이션에 많이 활용되기는 했지만 상용화되지는 못했습니다.

　웨어러블 컴퓨터가 진정한 의류가 되기 위해서는 착용감이 뛰어나고 입었을 때 아름다워야 했습니다. 과거에는 컴퓨터 기기를 소형화하는 데도 한계가 있고 무선 통신 기술 수준도 낮아 유비쿼터스 의류가 탄생하기 어려웠습니다. 하지만 최근에는 휴대전화, 컴퓨터, 디지털카메라 등을 연결시켜 주는 블루투스Bluetooth나 RFID 칩을 이용한 무선 인식 기술을 활용해 다양한 의류의 제작이 가능해졌습니다. 또한 센서 기술의 발달로 이제는 옷을 통해 시공간을 초월해 다양한 곳에 접속할 수 있게 되었지요.

블루투스
연결 케이블 없이 휴대전화, PC, 디지털카메라 등의 무선기기 간에 파일을 전송하는 무선 전송 기술 또는 규격.

RFID
RFID Radio-Frequency IDentification 무선 인식 또는 전자 태그로 불린다. RFID는 바코드와 비슷한 역할을 하지만 바코드보다 작동 범위가 넓다. 이는 바코드는 레이저 판독기로 스캔해 줘야 하지만 RFID는 전파를 이용해 읽기가 용이하기 때문이다.

소형 컴퓨터 기기의 발달로 이제는 휴대전화, 노트북 등을 옷으로 만들어 입을 수 있게 되었습니다.

건강을 지켜 주는 스마트 의류

건강과 유비쿼터스는 어떤 관계일까요? 유비쿼터스는 특성상 군사용 의류나 의료용 의류, 스포츠나 레저산업 등에 다양하게 활용되고 있습니다. 특히 최근의 웰빙 열기에 힘입어 의료용 스마트 의류는 많은 사람들의 관심을 끌고 있습니다. 의료용 스마트 의류가 우리 자신이나 가족의 건강을 실시간으로 의료진과 연결시켜 관리해 줄 수 있기 때문입니다. 스마트 의류를 입으면 누구나 24시간 주치의를 두게 되는 것입니다. 이와 같이 자신의 건강뿐만 아니라 가족의 건강에 대한 두려움도 말끔하게 해결할 수 있는 것이 의료용 스마트 의류입니다.

스마트 의류에는 체온, 심전도, 맥박, 혈압, 혈당치 등을 감지하는 센서가 있어 생체 신호를 모니터하게 됩니다. 체온은 매우 기본적이고 단순한 정보이기는 하지만 이를 통해 생각보다 많은 것을 알아낼 수 있습니다. 사람들은 바이러스 감염과 암을 경계하면서도 이를 확인할 수 있는 체온은 매일 체크하고 관리하지 않습니다. 체온 센서가 부착된 스마트 의류를 입으면 정상 체온에서 벗어날 경우 즉시 병원에 신호를 보내 이상 여부를 확인합니다.

개개인의 건강 상태에 따라 센서의 종류를 다르게 하여 소변, 땀, 침과 같은 체외 분비물을 확인할 수 있는 옷도 제작할 수 있습니다. 스마트 의류는 체내 신호만 감지하는 것이 아닙니다. 자외선에 민감한 피부를 가진 사람들은 자외선의 강도를 확인할 수 있고 호흡기가 약한 사람들은 공기 중의 미세 먼지 농도나 세균과 바이러스 확인도 가능합니다. 물론 아직 다양한 세균이나 바이러스를 즉시 확인할 수 있는 센서가 만들어진 것은 아니지만 바이오칩 Biochip의 연구 결과에 따라 앞으로 활용 가능성이 충분하다고 할 수 있습니다. 스마트 의류의 다양한 활용도는 물리적·화학적 센서를 얼마나 다양하게 장착하는지에 달려 있다고 볼 수도 있을 것입니다.

물론 스마트 의류가 좋은 점만 가진 것은 아닙니다. 언제 어디서든 항상 컴퓨터와 연결된다는 것은 내 정보가 통신을 통해서 유출

바이오칩
생물에서 유래한 유기물과 반도체 같은 무기물을 조합하여 반도체칩의 형태로 만든 것. 용도에 따라 바이오센서, 유전자칩DNA Chip, 단백질칩Protein Chip, 세포칩Cell Chip 등 여러 가지가 있다.

될 수 있다는 뜻이기도 합니다. 치매 노인들의 경우에는 위치 추적 기능이 유용하겠지만, 이를 원하지 않는 사람의 경우에는 자신의 위치나 정보가 유출되어 피해를 볼 수도 있습니다. 따라서 스마트 의류를 제작하기 위해서는 뛰어난 보안 기술도 필요하답니다.

우리 몸을 치료해 주는 옷

옷이 착용자의 상태를 항상 체크해 주는 것만으로도 많은 도움이 될 텐데 우리를 더욱 놀라게 하는 것은 옷이 치료도 한다는 사실입니다. 내 몸에 약물을 투여할 수도 있습니다. 자동 약물 전달 시스템을 환자의 옷에 부착하면, 환자는 약의 투입에 따른 불편함과 위험을 많이 줄일 수 있을 것입니다.

병을 치료하는 약물은 알약이나 주사 형태로 몸에 투입됩니다. 생화학의 발달로 신약이 대량으로 등장한 1950년대에는 투입 방법에 상관없이 일단 약이 체내에 들어가면 효과가 있을 것이라고 믿었습니다. 하지만 같은 약이라고 하더라도 투입 방법에 따라서 효능이 다르기 마련이고, 심지어 잘못 투입되면 부작용이 생길 수도 있습니다. 빠르게 효과를 보고 싶다고 해서 캡슐에 들어 있는 약을 분해해 가루로 마시면 갑자기 많은 양이 흡수되어 자칫 목숨을 잃을 수도 있습니다.

분석 기술이 점점 발달함에 따라 약물의 생체 이용률에 대한 자료도 많아졌습니다. 또한 신약의 개발과 함께 최적화된 약물 치료

시스템에 관한 연구도 계속되고 있습니다. 치료 시스템을 장착한 스마트 의류가 등장하면 환자의 치료에 많은 도움이 될 것입니다.

스마트 의류에 부착된 방출 제어 시스템은 환자의 상태(pH, 체온, 혈당수치 등)와 투여 시간을 고려하여 적당하게 약을 투입할 수 있게 합니다. 처방을 받을 때 우리는 대개 식후 30분 후에 약을 먹으라는 천편일률적인 지시를 받지만, 방출 제어 시스템이 있으면 생리적으로 필요할 때만 약물이 공급됩니다. 환자용 스마트 의류는 약물의 활성 상태를 일정하게 유지시켜 최대한의 치료 효과를 거둘 수 있게 해 줄 것입니다. 이외에도 자기장을 활용하여 약물의 흡수를 촉진시킬 수 있는 방법도 가능해질 것입니다. 아직 갈 길은 멀지만 언젠가는 약물이 체내의 정확한 부위에 도달하도록 조절하는 기능까지 만들어지지 않을까요?

7
소중한 우리 몸과 자연을 지켜 주세요
아름다움 그 이상의 배려, 건강한 패션

건강을 고려한 패션이 대세!

패션이라는 말을 들으면 단순히 아름다움만 떠올릴 수도 있지만 건강과 환경을 제외한 패션은 이미 죽은 것이나 마찬가지라고 할 수 있습니다. 옷을 입는 사람의 건강뿐만 아니라 옷을 만들고 폐기할 때 '자연'도 생각해야 한다는 것입니다.

과거에는 몸을 보호해 주는 옷이 곧 건강을 지켜 주는 옷이었습니다. 또한 몸에 알레르기를 일으키지 않는 옷이 건강한 옷이었습니다. 하지만 이제는 이러한 기본적인 기능을 넘어 적극적으로 건강을 지키는 웰빙 섬유들이 등장하기 시작했습니다.

피부를 생각하는 섬유와 사회적 약자를 배려하는 패션 그리고 자연을 생각하는 패션이 바로 건강한 패션이라 할 수 있습니다. 이제 건강한 패션에 대해 자세히 알아볼까요?

피부를 지켜 주는 스킨케어 섬유

우리는 하루 종일 옷을 입고 있습니다. 그렇기 때문에 옷은 우리 몸과 가장 오랜 시간 접촉해 있는 외부 물체입니다. 만약 옷에 몸에 해로운 물질이 포함되어 있으면 피부 트러블이 발생할 수도 있습니다. 하지만 피부에 좋은 물질을 포함한다면 가장 좋은 피부 관리사가 되어 줄 수도 있는 것이 바로 옷입니다. 그렇다면 피부에 이로운 스킨케어 섬유에는 어떤 것이 있을까요?

'스킨케어'란 피부를 건강한 상태로 유지할 수 있도록 도와주는 것을 말합니다. 건강한 피부를 위해서는 자외선과 같은 유해한 외부 자극을 차단하고 피부가 건조해지는 것을 막아야 합니다. 피부는 피지막, 각질층, 표피, 진피 층으로 구성되어 있습니다. 보통 피부를 관리하면 피지막과 각질층 관리를 말하는 것인데, 특히 각질층에 알맞은 수분(20~30퍼센트)이 포함되어 있을 때 건강한 피부가 됩니다. 사실 건강한 피부를 위해서는 잘 먹고 잘 자고 스트레스를 적게 받는 것이 중요하지만 이는 현실적으로 쉽지 않습니다.

요즘에는 바쁜 현대인들을 위해 피부를 제일로 생각한다고 주장

콜라겐
동물의 뼈나 연골, 피부 등
을 구성하는 단백질의 일
종. 피부에 탄력을 주는 성
분으로 알려져 있어 화장
품에 많이 포함되어 있다.

실크피브로인
실크는 피브로인Fibroin과
이를 둘러 싼 세리신Sericin
단백질로 되어 있는데, 세
리신을 제거한 것을 실크
피브로인이라고 한다.

인지질
머리는 친수성이며 꼬리는
소수성을 가지고 있는 피
부와 비슷한 구조를 가지
고 있어 화장품의 성분으
로 주목받고 있다.

히아루론산
생체 성분의 하나로 닭 볏,
소의 안구, 태반 등에 많이
포함되어 있다. 아기의 피
부가 부드러운 것은 바로
히아루론산이 피부에 많
이 포함되어 있기 때문이
라고 한다.

스쿠알렌
심해 상어의 간유에 포함
된 다가 불포화지방산. 신
장과 간에 좋은 건강식품
으로 유명하며, 매실에도
포함되어 있는 것으로 알
려져 있다.

하는 다양한 화장품들이 나와 있습니다. 이러한 화장품에는 피부에 좋다는 많은 물질들이 포함되어 있는데요, 스킨케어 섬유도 화장품들처럼 피부에 유용한 물질을 포함한 섬유를 말합니다. 콜라겐collagen이나 실크피브로인, 인지질phospholipids 폴리머, 히아루론산Hyaluronic Acid 등의 고분자 물질이나 비타민C와 비타민E 같은 비타민류, 또는 스쿠알렌이나 알로에, 쑥이나 녹차 추출물 같은 천연 추출물 등이 바로 유용한 물질에 속합니다. 이렇게 많은 물질들은 화장품의 용도에 따라 다양하게 사용됩니다.

하지만 이렇게 피부에 좋은 물질들을 섬유에 첨가한다고 모든 문제가 해결되는 것은 아닙니다. 이런 유용 성분을 첨가하더라도 세탁한 후에 성분들이 모두 떨어져 나간다면 스킨케어 기능을 기대할 수 없습니다. 따라서 세탁 후에도 성분이 남아 있을 수 있도록 내구성을 높여야 합니다. 이렇게 내구성이 높아지면 세탁을 해도 좋은 성분이 떨어져 나가지 않고 피부에 서서히 스며들 수 있습니다. 내구성을 높이는 스킨케어 가공법에는 다른 물질과 함께 접착시켜 붙이거나 마이크로캡슐에 유용 성분을 넣어서 보호하는 방법 등이 있습니다.

하지만 무엇보다 중요한 것은 이러한 물질이 부착되어 있더라도 섬유의 특성을 손상시키지 않아야 한다는 것입니다. 스킨케어 성분이 첨가되면서 촉감이 뻣뻣해지거나 번들거림이 심해진다면 소비자에게 외면받을 것이 뻔하지요.

사회적 약자를 배려하는 패션

정상인이든 노약자이든 또는 장애인이든 누구에게나 옷은 필요합니다. 또한 그가 누구냐에 상관없이 어떤 옷이든 입을 수 있어야 합니다. 신체적인 약점이 있는 사람도 일반인처럼 옷을 통해 자신의 이미지를 향상시키려 합니다. 정신지체 장애인들도 패션을 통해 자신의 이미지를 향상시키고자 하는 욕구가 강합니다. 단지 자신을 관리할 수 있는 능력이 부족하기 때문에 일반인들만큼 꾸미지 못하는 경우가 대부분입니다. 서울시립정신지체복지관에서 시범적으로 실시한 프로그램에 따르면 정신지체 장애인들이 패션 스타일을 바꾸자 더 높은 자존감을 가지게 되었다고 합니다. 그리고 가족과 이웃들이 바뀐 외모를 보고 칭찬하자 자신감도 상승했다고 합니다. 이와 같이 패션은 사람의 자존감을 높이는 데 큰 역할을 합니다.

옷은 시각장애인에게도 많은 도움을 줄 수 있습니다. 한 텔레비전 광고에서 맹인 안내견이 주인의 친구가 되어 항상 그를 옆에서 지키는 모습이 감동을 주었던 적이 있습니다. 안내견이 시각장애인의 가장 훌륭한 친구가 되어 준다는 것은 분명합니다. 하지만 맹인 안내견은 비용이 많이 들 뿐만 아니라 말을 할 수 없어 도움을 주는 데 많은 제약이 있습니다. 시각장애인을 위한 스마트 의류는 항상 함께할 수 있으며, 음성 안내를 해 주는 등 안내견이 할 수 없는 일들까지 할 수 있습니다.

유비쿼터스와 GPS 기술을 활용해 만든 옷이 지팡이를 대신해 길을 알려 주고 목적지까지 안전하게 데려다 줄 수도 있는 것입니다. 또한 넘어지는 사고에 대비해 옷에 쿠션을 첨가하여 부상을 줄여 줄 수도 있습니다. 발광 원단을 이용해 옷을 제작하면 어두운 밤길에서도 보호받을 수 있을 것입니다.

노인들의 경우 외부 온도 변화에 신속하게 대응할 수 있는 능력이 없어 겨울에는 보온에 신경 써야 하고, 여름에는 높은 기온에 견딜 수 있도록 옷을 입어야 합니다. 또한 노인들의 피부는 탄력이 없고, 피지 분비가 적어 항상 건조하기 때문에 피부에 자극이 적은 옷을 입어야 합니다. 대부분의 옷들이 중장년층 옷과 노인층 옷 치수를 구분하지 않지만 사실 노인들은 등이 휘는 등의 체형 변화가 있기 때문에 이를 고려해서 옷을 제작해야 합니다.

이처럼 사회적 약자를 위한 다양한 아이디어를 활용해 옷을 만든다면 패션은 한층 더 인간을 위한 기술이 될 수 있을 것입니다.

자연을 생각하는 패션

'옷을 기워서 입는다'는 의미는 돈을 절약하기 위한 것이지 환경을 보호한다는 뜻에서 나온 행동은 아니었습니다. 하지만 옷도 엄연히 자연을 변형시켜 탄생하는 물건이므로 생산 시 에너지가 필요합니다. 이는 전통적인 방법으로 생산된 옷이나 공장에서 대량으로 생산되는 옷 모두에 해당되며 단지 사용되는 에너지에 차이가 있을 뿐입니다. 따라서 환경보호를 위해서 패션에도 3R 운동이 필요합니다. 3R이라는 것은 섬유 사용량을 줄이고Reduce, 잘 입지 않은 옷은 수선하거나 개조하며Reuse, 더 이상 입을 수 없는 옷은 재활용Recycle하는 것을 말합니다.

우리나라의 1인당 연간 섬유 사용량은 20킬로그램 정도로 그 양은 적지 않습니다. 물론 소비가 많아야 의류 생산량도 증가하기 때문에 국내 섬유 산업을 위해서는 섬유 사용량이 많아야 하지만 환경보호를 위해서는 바람직하다고만 할 수는 없습니다. 일반적으로 와이셔츠나 블라우스를 만드는 데 비해 정장을 만들 때에는 거의 5배가 넘는 에너지가 필요합니다. 그리고 천연섬유에 비해 합성섬유는 2~5배 정도의 에너지가 더 필요합니다. 이는 합성섬유의 원료로 석유가 쓰였을 뿐만 아니라 제조 과정에서도 더 많은 에너지가 소모되기 때문입니다.

하지만 천연섬유가 에너지를 덜 소비하니까 무조건 친환경적이라고 생각하면 안 됩니다. 가장 많이 사용되는 천연섬유인 면화는 다른 농작물보다 몇 배나 많은 농약을 사용해서 재배됩니다. 이러한 이유로 최근에는 농약을 사용하지 않은 유기농 면화 제품이 등장하기도 했습니다.

옷의 친환경성을 판단할 때에는 단순히 원단의 재료만 볼 것이 아니라 생산 전반에 걸친 전 과정의 평가가 필요합니다. 예를 들어 천기저귀는 종이기저귀에 비해 폐기물을 거의 만들지 않기 때문에 친환경적이라고 말하기 쉽습니다. 하지만 천기저귀는 종이기저귀에 비해 에너지나 물 사용량이 많고 물도 더 많이 오염시킵니다. 따라서 천기저귀와 종이기저귀의 환경성을 평가하기 위해서는 생산

환경보호를 위해서 입지 않는 옷을 수선하거나 개조하여 재활용하는 노력이 필요합니다.

에코라벨
동일 용도의 제품 중 생산 및 소비 과정에서 오염을 상대적으로 적게 일으키거나 자원을 절약할 수 있는 제품에 붙이는 환경 마크.

부터 폐기에 이르는 전 과정을 두루 살펴보아야 합니다. 이렇게 전 과정에 걸쳐(모든 과정이 아니라 일부 과정이 개선되었더라도 가능합니다) 환경을 위한 개선 작업이 이루어진 제품에는 에코라벨이 붙습니다. 환경을 생각한다면 에코라벨을 확인해야 겠지요.

8

자연을 입고 자연에게 배운다

자연과 가까운 옷 만들기, 생체모방

자연이 가르쳐 주는 섬유 기술

합성섬유가 없었던 옛날에는 누구나 천연섬유로 만든 옷을 입을 수밖에 없었습니다. 오늘날에도 천연 소재들은 합성 소재나 인조 소재에 비해 대체로 고가이지만 자원이 부족했던 옛날에는 더욱 비쌌을 것입니다. 흥부의 자식들이 깁고 또 기운 누더기 같은 옷을 입었던 것은 그만큼 옷감을 구하기 어려웠기 때문입니다. 이제는 저가 합성섬유가 등장하면서 누구나 저렴하게 옷을 입을 수 있게 되었습니다. 하지만 합성섬유는 제조 공정에서 환경오염을 일으키고, 폐기하기도 쉽지 않은 문제를 가지고 있습니다. 합성섬유는 천연섬유보다 강도가 뛰어나기는 하지만 천연섬유의 우수성에 미치지 못하는 경우도 많습니다. 이와 같은 이유로 최근에는 자연을 모방한 '생체모방 섬유'가 많은 관심을 끌게 되었습니다. 우리도 자연이 가진 뛰어난 직조 기술을 한번 배워 볼까요?

생물을 닮은 기술

생체모방Biomimicry은 생물의 뛰어난 형태나 특성을 모방하여 생활에 필요한 도구를 만드는 기술을 말합니다. 그래서 생체모방은 자연에 숨겨진 신의 기술을 인간이 배우는 것이라고 말하기도 합니다. 일명 '찍찍이'로 불리는 벨크로Velcro는 생체모방의 예로 흔히 거론됩니다. 벨크로는 조르주 드 메스트랄이라는 사람이 사냥 도중 자신의 옷과 사냥개의 털에 붙어 있던 엉겅퀴 가시를 관찰해서 만든 것입니다.

최근 들어 생체모방에 대한 관심이 그 어느 때보다 뜨겁지만 생체모방은 인간이 문명을 이루고 살기 시작하면서부터 이미 시작되었다고 할 수 있습니다. 가장 단순한 도구인 창이나 칼은 동물의 날카로운 이빨과 발톱을 본뜬 것입니다. 이제 사람들은 어떤 동물의 이빨보다 더 날카롭고 튼튼한 칼을 만들 수 있습니다. 또한 새에게 배운 비행 기술을 적용해 만든 비행기로 그 어떤 새보다 더 빨리 날 수 있게 되었습니다. 그렇다면 우리는 이제 자연에서 더 이상 배울 것이 없는 것일까요?

벨크로
천 한쪽은 꺼끌꺼끌하게 만들고 다른 한쪽은 부드럽게 만들어 이 두 부분을 딱 붙여 떨어지지 않게 하는 옷 등의 여밈 장치.

물론 그렇지 않습니다. 인간의 지적 능력이 우수한 것은 분명하지만 아직 자연으로부터 배울 것이 무궁무진합니다. 생체모방 기술 역시 인간이 아직도 자연 앞에 겸손해야 함을 알려 줍니다. 자연이 이렇게 뛰어난 효율성을 보이는 이유는 오랜 세월 동안 시행착오를 거쳤기 때문입니다. 인간은 불과 수백 년 동안 급격하게 기술을 발달시켜 왔지만 자연은 이미 수십억 년 동안 자연선택 과정을 통해 꾸준히 효율성을 높여 왔습니다.

인간은 아무리 강한 태풍이 몰아치더라도 바위에 끈질기게 붙어 있는 홍합에게서 상처 봉합 기술을, 바다의 폭군인 상어에게는 물의 저항을 감소시키는 방법을 배워 수영복과 비행기에 적용했습니다. 벌집에서는 공간을 최대로 활용하는 기술을 배워 물건 적재나 건축 등에 활용하고 있습니다.

생체모방 섬유에는 어떤 것이 있을까?

생체모방 섬유를 만들기 위한 노력은 최근에 등장한 것이 아닙니다. 인간은 이미 1960년대부터 천연섬유를 모방한 합성섬유를 만들기 위해 노력해 왔습니다. 사실 합성섬유의 역사는 천연섬유 모방의 역사이기도 합니다. 고급 섬유의 대명사인 실크는 뛰어난 광택과 촉감을 가진 천연섬유의 제왕이라 할 수 있습니다. 하지만 실크는 품질이 뛰어난 만큼 가격도 비쌉니다.

실크를 모방하기 위한 연구를 통해서 다양한 합성섬유들이 등장하게 되었는데 레이온도 실크를 모방하기 위해서 만들어지게 된 것이랍니다. 물론 실크에 비하면 아직도 성능이 다소 떨어지기는 하지만 저렴한 가격으로 다양한 곳에 사용되고 있습니다. 이외에도 널리 알려진 생체모방 섬유로는 발수직물과 인공피혁, 양모Wool 모방 섬유 등이 있습니다.

아무리 물이 튀어도 항상 깨끗함을 유지하는 연꽃의 비결은 바로 연잎에 돋아난 미세한 털과 왁스 층입니다. 사람들은 이 비밀을 이용해 초발수성 섬유를 만들 수 있었습니다. 발수성 섬유는 운동복, 코트, 천막 등에 다양하게 활용되고 있습니다.

인공피혁은 천연피혁이 가진 느낌을 그대로 전달하기 위해 만들어진 것입니다. 천연피혁은 콜라겐의 초극세 섬유 다발로 이루어져 있는데, 이 천연피혁을 연구하다가 초극세 섬유와 인공피혁이 만들어졌습니다.

그런데 '인공 양모'는 많이 들어 보지 못했을 것입니다. 물론 아직 양모를 완전 대체할 합성섬유는 없습니다. 양모는 보온성이 뛰어나고 흡습성이 면보다 좋으며 난연성(불에 잘 타지 않는 성질) 등의 우수한 성질을 가지고 있으며 가볍습니다. 이와 같이 뛰어난 특성을 가진 양모의 비밀을 연구하다 탄생한 것이 바로 '권축 인조섬유'입니다. 권축섬유는 양모처럼 꼬불꼬불한 모양의 섬유를 가리킵니다. 이러한 모양을 하고 있는 이유는 양모가 서로 다른 두 종류의 구조로 되어 있어, 마치 바이메탈bimetal이 온도에 따라 휘어지듯 서로 수축성에 의해 구부러지기 때문입니다. 이러한 원리를 이용하여 꼬

바이메탈
물질은 온도에 따라 부피가 변하는데, 이를 열팽창률이라고 부른다. 바이메탈의 경우 열팽창률이 서로 다른 두 개의 얇은 쇠붙이를 한데 붙여 온도가 높아지면 팽창률 차이에 의해 휘어지도록 만든 것이다.

불꼬불꼬하고 풍성한 느낌을 주는 권축섬유가 탄생하게 된 것입니다.

면은 가운데가 텅 빈 구조로 되어 있습니다. 이러한 구조에서 힌트를 얻어 중공섬유가 만들어졌는데, 인공투석막과 같은 분리막에 중요하게 사용되고 있습니다. 또한 실크의 꽃잎형 단면구조를 모방하여 명주 소리가 나는 섬유가 만들어지기도 했답니다.

화려함의 극치 몰포나비에서 배운 염색 기술

화려하고 아름다운 색상을 가진 옷감을 보면 누구나 시선이 끌리기 마련입니다. 하지만 옛날에는 천연염료의 가격이 워낙 비싸 다양한 색상의 옷을 입기가 쉽지 않았습니다. 사람들이 이렇게 화려한 옷감을 마음대로 가질 수 있게 된 것은 합성염료가 발명되었기 때문입니다.

합성염료는 가격이 저렴하고 여러 색을 내지만 찬란하다고 할 만큼 깊이 있는 화려함을 표현하지는 못합니다. 염료로 만들어진 색은 단지 빛의 흡수와 반사에 의한 것이기 때문입니다. 이에 반해 몰포나비의 날개 색은 아마존에 서식하고 있는 보통의 나비들과는 비교도 안 될 정도로 화려함의 극치를 보여 줍니다. 몰포나비는 어떻게 이러한 색을 낼 수 있는 것일까요?

몰포나비는 화려한 금속성의 푸른색 날개를 가진 것으로 유명합니다. 하지만 놀랍게도 날개에는 푸른색 색소가 없습니다. 아름다운 푸른색의 비밀은 날개의 미세구조에 있습니다. 몰포나비의 날

몰포나비는 정말 화려한 색깔의 날개를 가졌습니다. 몰포나비가 화려한 색을 내는 비밀을 연구하면 우리도 더욱 다양한 색깔의 옷을 입을 수 있게 될 것입니다.

라멜라층
라멜라는 얇은 판이나 주름을 말하며, 라멜라층은 층상 구조를 말한다.

간섭현상
두 개 이상의 파동이 한 점에서 만나 중첩될 때 진폭이 커지거나 상쇄되는 현상. 진폭이 커지면 보강간섭, 상쇄되면 상쇄간섭이라고 한다.

개에는 마치 레코드판의 홈처럼 생긴 단백질 성분을 가진 라멜라층lamella layer이 있습니다. 이 얇은 층의 두께는 약 0.08마이크로미터입니다. 이러한 얇은 층에서 반사된 빛이 간섭현상을 일으켜 화려한 푸른색을 내는 것입니다. 이는 CD나 DVD를 빛에 비춰 보면 무지개색으로 빛나는 것과 같은 원리입니다. 비눗방울이나 기름 막에서 보이는 무지개 빛깔도 바로 간섭현상에 의한 것이랍니다.

몰포나비의 화려한 색의 비밀에 대해 좀 더 자세히 알아볼까요? 몰포나비의 날개 표면에는 미세한 홈이 있다고 했습니다. 그 홈을 확대해 보면 마치 소나무와 같은 기둥이 있고 다시 옆으로 조그만 가지들이 뻗어 있습니다. 빛이 이 기둥을 지날 때 회절현상이 일어납니다. 회절현상은 파장에 따라 조금씩 다른 각도로 빛이 꺾이는 현상을 말합니다. 그렇기 때문에 빛에는 경로 차이가 발생하게 되지요. 경로 차이가 생긴 빛이 모여 중첩현상이 일어나고 이 중첩에 의해 빛이 다양한 색으로 보이는 간섭현상이 일어나게 되는 것이랍니다.

'몰포텍스'는 몰포나비의 날개 구조를 모방한 섬유입니다. 색소에 의한 색상이 아니라 구조적인 이유에 의해 나타나는 색을 '구조색'이라고 부르며 이를 이용한 섬유를 '구조발색 섬유'라고 부릅니다. 이제 우리도 화려한 몰포나비의 날개와 같은 색깔의 옷을 입을 수 있는 날이 머지않았습니다.

9

옥수수와 게 껍질로 만든 옷

자연 소재로 만드는 친환경 섬유

옥수수를 입는다?

1990년대 이후 가장 주목을 받고 있는 것은 웰빙과 환경문제가 아닐까요? 요즘처럼 경기가 안 좋을 때 사람들은 건강에 더 많은 관심을 기울인다고 합니다. 어려울 때 건강이 나빠지기라도 하면 생활이 더 힘들어질 것이라고 생각하기 때문인 것 같습니다. 그래서인지 건강에 좋다는 천연섬유에 대한 관심도 높아졌습니다. 그래서 홈쇼핑의 쇼호스트들은 천연섬유로 만들어진 제품을 판매할 때마다 건강에 좋다는 것을 강조합니다.

건강에 좋을 뿐만 아니라 제조 공정에서 공해도 발생시키지 않는 소재가 있다면 금상첨화일 것입니다. 이렇게 웰빙과 친환경이라는 두 마리의 토끼를 모두 잡는 섬유가 과연 있을까요?

친환경만이 살길입니다

대기업의 산업재해는 항상 사회적으로 큰 파장을 불러일으킵니다. 1993년에는 우리의 기업 역사상 최악의 산업재해를 일으킨 원진레이온 공장이 폐쇄되는 사건이 있었습니다. 원진레이온은 재생 섬유의 한 종류인 레이온rayon을 생산하는 회사였습니다. 이 공장의 레이온 생산 공정에는 독가스의 일종인 이황화탄소를 용제로 사용하였습니다. 그래서 근로자들의 팔다리가 마비되는 등 중독증세가 나타났던 것입니다.

결국 원진레이온 공장은 폐쇄되고 이후 레이온은 외국에서 수입해서 사용하고 있습니다. 이와 같은 환경문제로 인해 레이온 공장은 후진국으로 많이 이전되는 추세입니다. 물론 후진국 사람들에게도 위험한 일이지만 그들에게는 당장 먹고살 걱정이 앞서기 때문에 이러한 위험을 감수하고서라도 직장을 얻기를 원한다는 것이 참으로 안타깝습니다.

레이온과 비슷한 섬유로 리오셀Lyocell이라 불리는 섬유가 있습니다. 리오셀은 레이온과 마찬가지로 펄프를 원료로 사용하기 때문

레이온
나무나 면의 부스러기에서 얻어진 셀룰로오스(펄프)로 만든 재생섬유. 인공적으로 비단을 만들기 위한 연구에서 탄생 했다. 레이온은 흔히 '인견(인조견사)' 이라고 부르기도 한다.

에 같은 종류의 섬유로 분류되기도 합니다. 하지만 심각한 환경오염 문제를 일으키는 레이온과는 제조 공정이 전혀 다릅니다. 리오셀은 천연 펄프를 사용하기 때문에 석유를 사용하는 화학섬유와 달리 천연자원을 소멸시키지 않습니다. 천연 펄프의 특성상 자연분해가 가능하여 자연을 오염시키지도 않으며, 재활용도 가능합니다. 리오셀의 경우 자연에 버려지면 4주 후에 거의 분해되어 물과 이산화탄소밖에 남지 않아 화학섬유와 같은 폐기물 문제도 일으키지 않습니다. 또한 제조 공정이 간단하고 폐쇄적이기 때문에 공해물질도 거의 발생시키지 않는다는 장점이 있습니다.

레이온과 달리 유독성 용제를 사용하지도 않고 공정의 특성상 용제의 유출 없이 99.5퍼센트를 회수할 수 있는 친환경 섬유가 바로 리오셀입니다. 리오셀은 이렇게 우수한 친환경성을 가지고 있으면서, 면이나 비스코스 레이온과 견주어도 전혀 손색이 없습니다. 오히려 일부에서는 더 뛰어난 물리적 특성을 보입니다.

최근에 주목받고 있는 텐셀Tencel은 우수한 품질을 가진 리오셀계 섬유 중 하나입니다. 텐셀이 주목받는 이유는 실크와 같이 부드러운 촉감과 우아한 광택, 드레이프성을 가지고 있어 옷감이 매우 고급스러워 보인다는 것입니다. 이렇게 고급스러우면서도 면의 뛰어난 흡습성과 폴리에스테르와 같은 강한 내구성도 갖추고 있습니다. 더구나 리오셀 섬유가 가지는 친환경성을 가지고 있으니 당연히 미래형 섬유로 주목받을 수밖에 없습니다. 혹시 지금 여러분이 입고 있는 내의가 무엇으로 만들어졌는지 아세요? 내의 속에 표

비스코스 레이온
펄프에 수산화나트륨, 이화탄소 등의 화학약품을 사용해 만든 용액이 비스코스이며, 이를 섬유로 만든 것이 비스코스 레이온이다. 흔히 레이온이라고 부르면 비스코스 레이온을 의미할 만큼 많이 생산된다.

드레이프
천으로 가리거나 천을 걸치거나 주름을 잡는 일. 주로 부드러움이나 우아함을 표현하는 수단으로 쓰인다.

시된 라벨을 한번 확인해 보세요. 텐셀로 만든 내의를 입고 있다면 여러분은 친환경 내의를 입고 있는 것입니다.

옥수수를 입는다?

옥수수 박사로 불리는 김순권 박사는 옥수수로 나이지리아 식량난을 해결하는 데 많은 도움을 주었고 북한의 식량 증산을 위해서도 많은 노력을 한 것으로 잘 알려져 있습니다. 옥수수는 많은 나라 사람들의 주식으로 널리 재배되는 작물입니다. 옥수수를 비롯하여 간식 또는 건강식품으로 주목받아 온 감자와 우유 등이 인류의 중요한 식량 자원이라는 데 이의를 제기할 사람은 없을 것입니다. 지금도 이 음식들은 많은 사람들을 먹여 살리는 중요한 일을 하고 있기 때문이죠.

이 고마운 음식들이 사람들의 굶주린 배를 채우는 것을 넘어 이젠 우리의 중요한 옷감으로 등장할 날도 머지않았습니다. 특히 최근 석유 값이 폭등과 폭락을 거듭하면서 항상 원자재 문제를 불러일으키는 것을 생각하면 새로운 옷감 소재에 대한 관심은 더욱 커질 수밖에 없습니다.

옥수수나 감자와 같은 식물성 물질에서는 '젖산고분자polylactic acid, PLA'라는 물질을 얻을 수 있습니다. 이 젖산고분자를 분자량이 더 큰 고분자로 합성하여 만든 섬유가 바로 폴리젖산 섬유 또는 폴리락틱 섬유입니다. 여기서 '폴리'라는 것은 분자량이 작은 물질을 합성하여 만들어진 커다란 분자라는 뜻입니다. PLA 섬유는 식물성 물질에서 추출한 원료로 만들어졌기 때문에 리오셀과 마찬가지로 친환경 섬유라 할 수 있습니다. 땅에 묻힐 경우 30일이 지나면 90퍼센트가 분해되며 1년 정도가 지나면 완전히 분해되어 자연으로 돌아간답니다. 국내의 한 기업에서 옥수수를 이용한 섬유를 선보인 적이 있는데 독특한 진주 광택과 실크의 부드러움을 가진 웰빙 섬유라는 평가를 받았습니다. 이 회사의 말에 따르면 옥수수 4개로 티셔츠 한 장을 만들 수 있다고 합니다.

옥수수 섬유 외에도 최근 웰빙 섬유로 각광받고 있는 것이 바로

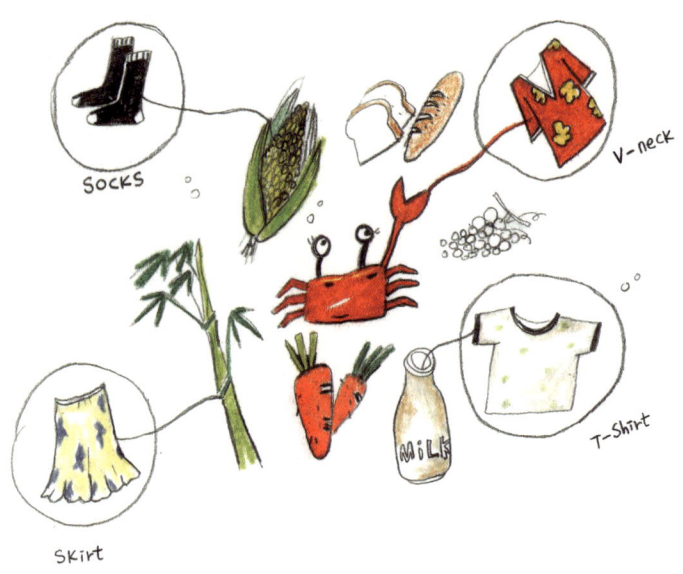

옥수수나 대나무, 우유 등 여러 자연 소재로 만든 섬유는 웰빙 섬유로 각광받고 있습니다. 우유로 실을 만든다니, 참 신기하지요?

대나무 섬유입니다. 대나무 섬유는 수분을 잘 흡수하고 통기성이 우수합니다. 이러한 특성으로 상쾌한 느낌을 주기 때문에 타월, 양말, 침구류 등에 활용되고 있습니다. 대나무의 뻣뻣함만 떠올리는 사람은 대나무 섬유로 만든 양말을 어떻게 신고 다니냐고 생각할지도 모르겠습니다. 하지만 대나무 섬유라고 해서 대나무자리처럼 뻣뻣할 것으로 생각하면 오산입니다.

대나무 섬유는 단순히 대나무 껍질을 벗기고 엮어서 만드는 것이 아니라 대나무에서 셀룰로오스cellulose를 추출하여 섬유로 만들었기 때문에 대바구니나 대나무자리와는 달리 촉감이 매우 부드럽습니다. 그리고 대나무 특유의 항균성이 있고 면보다 염색성이 우수하여 니트용으로도 안성맞춤입니다. 악취를 없애는 기능도 가지고 있고 무게가 가벼워 운동복에도 사용되고 있습니다. 대나무 섬유는 이렇게 우수한 기능을 많이 가지고 있어 활용도가 점차 증가하고 있는 추세입니다.

이외에도 우유로부터 만든 밀크 섬유, 대두에서 기름을 짜고 남은 찌꺼기로 만든 대두 섬유 등도 친환경 섬유에 속합니다. 물론 우유는 사람이 먹기에도 비싼데 옷으로 만드는 건 너무 큰 낭비라고 할지도 모르겠네요. 그렇다면 게를 먹고 난 뒤 버리게 되는 게 껍질로 만든 옷은 어떠세요?

게 껍질에는 키토산chitosan이라는 물질이 풍부한데, 이를 이용해 옷을 만들 수 있다고 합니다. 현재 우리나라와 일본에서 키토산을 이용해 섬유를 만드는 연구가 진행 중입니다. 또한 염소젖을 이용

셀룰로오스
식물 세포벽의 주요 구성 성분. 흔히 섬유소라고 부른다. 사람은 셀룰로오스를 소화시킬 수 없으나 소나 흰개미는 이를 분해할 수 있다. 종이나 섬유 등의 원료로 사용된다.

키토산
갑각류에 함유되어 있는 키틴을 인체에 흡수가 쉽도록 가공한 물질. 노화를 억제하고 면역력을 강화해 준다.

해 거미줄 섬유를 만드는 연구도 활발한데, 거미줄은 바이오 강철이라 불릴 정도로 인장 강도가 뛰어나 여러 용도에 활용될 것으로 기대되고 있습니다.

옥수수 섬유와 같은 자연 분해성 섬유들이 옷 만드는 데만 사용되는 것은 아닙니다. 이런 자연 분해성 섬유는 바다를 지키는 데에도 사용될 수 있습니다. 그물로 물고기를 잡다 보면 그물이 바닥에 걸려 어쩔 수 없이 버려야 하는 경우가 종종 발생합니다. 해마다 이런 식으로 회수되지 않고 바다에 버려지는 엄청난 양의 그물은 곧바로 심각한 해양생태계 오염으로 이어집니다. 하지만 옥수수 섬유와 같이 자연 분해성 물질로 그물을 만든다면 그물이 버려지더라도 쉽게 분해되기 때문에 해양 오염을 많이 줄일 수 있을 것입니다.

옥수수 섬유의 장점은 이뿐만이 아닙니다. 옥수수 섬유의 원료는 광합성을 통해 얼마든지 얻을 수 있기 때문에 석유화학제품처럼 자원 고갈의 위험도 없는 일석이조의 섬유입니다. 어쩌면 앞으로 우리의 아이들은 옥수수라고 하면 음식이 아니라 옷을 먼저 떠올릴지도 모를 일입니다.

10
패셔니스타는 녹색을 입는다
자연과 하나되는 패션

친환경 패션

우리는 그동안 인간 중심의 산업 활동을 계속해 각종 환경문제를 발생시켰습니다. 이에 선진국뿐만 아니라 세계 각국은 단순히 환경을 보호하자는 입장에서 벗어나, 생존의 문제로 환경을 바라보게 되었습니다. 즉 자연은 보호할 대상이 아니라 더불어 살아가야 할 우리의 보금자리라는 인식이 생겨난 것입니다. 이제는 공장 산업을 넘어 사회 전반에 친환경 바람이 불고 있습니다. 친환경 생산에서 친환경 소비까지 모든 것에서 환경을 생각하게 된 것입니다.

이러한 친환경 흐름에 패션이라고 예외일 수는 없습니다. 생태 환경적인 관점에서 패션을 바라보아야 할 때가 온 것입니다. 자연과 어울리는 패션은 무엇일까요? 환경을 생각하고 지구를 구하는 친환경 패션이란 어떤 것일까요?

환경을 생각하는 디자인

친환경 패션에 대해 이야기하기 전에 우선 디자인과 환경에 대한 이해가 필요합니다. 디자인과 환경을 이해하지 못하면 친환경 디자인에 대해 공감하기 어렵기 때문입니다. 우선 디자인에 관한 이야기부터 해 볼까요?

흔히 '예쁘게 잘 만들어진 제품'을 볼 때 디자인이 잘된 제품이라고 말합니다. 하지만 디자인의 개념은 아름다움만 의미하는 것이 아니라 실용적인 부분도 같이 고려한 것입니다. 따라서 아름답고, 사용하기에도 편리해야 좋은 디자인이라고 할 수 있습니다.

디자인의 원래 어원은 '목적하다purpose'입니다. 디자인은 인간이 어떤 목적을 가지고 수행한 계획적인 활동으로, 미적인 것과 기능적인 것을 효과적으로 통합하는 것이 바로 디자인의 목표입니다. 이와 같이 디자인은 어떤 목적을 갖고 있기 때문에 시대의 흐름에 영향을 받게 됩니다. 1950년대에는 산업 미학이, 1960년대에는 기능주의적 사고가 디자인에 영향을 주었습니다. 디자인이 기능주의적 사고에 영향을 받자 기능에 충실한 것이 가장 아름다운 것이라는 사조가 생겼습니다. 이렇게 디자인에 기능이 강조되었기 때문에 환경오염에 대한 책임에서 자유로울 수 있었던 것입니다.

하지만 최근 중요하게 다뤄지는 생태학적 관점에서는 그러한 일이 용납되지 않습니다. 생태학ecology이라는 용어는 1869년 독일의 생물학자 E.H. 헤켈에 의해 만들어진 말입니다. 헤켈은 '생물과 환경 및 함께 생활하는 생물과의 관계를 논하는 과학'이라는 의미에서 생태학이라는 용어를 사용하였습니다. 다시 말해 생태학은 '생물체와 생물체를 둘러싼 외부 환경과의 관계를 연구하는 총체적인 학문'이라고 할 수 있습니다. 즉 생태학은 관계를 중요하게 생각하는 학문으로 생물과 무생물을 개별적인 것으로 보지 않는 것입니다.

최근의 모든 환경문제는 생태학적인 관점에서 다뤄지고 있습니다. 서해안에 원유가 유출되어 갯벌이 오염되었을 때 단순하게 기름만 걷어 내는 것이 아니라 어떻게 기름을 제거해야 환경 피해를 최소화할 수 있는지를 따져야 한다는 것이 바로 생태학적인 관점입니다. 개체군 내의 물질과 에너지의 흐름뿐만 아니라 개체를 둘러싼 환경을 고려했을 때 환경문제를 제대로 바라볼 수 있다는 것이지요. 인간도 자연의 일부라는 것이 바로 생태학적인 생각이라 할 수 있습니다.

생태 환경적인 디자인, 에콜로지 룩

앞에서 설명한 바와 같이 디자인은 그 사회의 시대정신을 표현하는 예술이기도 합니다. 1980년대 말 환경오염에 대한 세계적인 공감대가 형성되기 시작하자 디자인에서도 이러한 흐름이 나타나기 시작합니다. '친환경 디자인', '그린 디자인', '에코 디자인', '지속 가능한 디자인' 등은 모두 디자인과 생태학을 접목시킨 관점에서 디자인을 바라보기 시작한 것입니다. 1990년대 들어 부쩍 사용 빈도가 높아진 '환경친화'라는 단어는 종종 '그린', '에콜로지', '내추럴' 등의 용어와 혼용되어 사용되기도 합니다. 이러한 용어들의 혼동을 막기 위해 최근에는 '친환경'이라는 단어를 많이 사용합니다. 그렇다면 패션에 나타난 친환경 운동은 어떤 것이 있을까요?

뉴욕에서 열린 '패션그룹 국제재단'의 환경 회의에서는 '하나뿐인 지구, 패션 산업과 환경에 관한 대화'라는 제목으로 패션디자이너들이 환경 보호에 나서기 시작했습니다. 회의에서 패션디자이너들은 화학섬유가 인체에 미치는 유해 문제, 자연 소재 사용으로 인한 자연 훼손, 패션 문화의 인간성 상실과 문화 파괴와의 관계 등에 대해 토의했습니다. 그리고 이러한 고민은 생태 환경적인 디자인으로 나타났습니다. 옷에 꽃무늬와 보헤미안 스타일의 이미지가 등장했고, '정글을 보호하자'는 운동이 전개되었습니다. 천연 소재를 선호하고 자연스러운 선을 살려 옷을 디자인하는 에콜로지 룩Ecology Look도 등장하게 되었습니다.

하지만 우리가 여기서 명심해야 할 것이 있습니다. 내추럴하다고 꼭 친환경적인 것은 아니라는 것입니다. 면은 천연섬유이지만 면이 정말 친환경적인 섬유인지에 관해서는 다시 생각해 보아야 합니

패션 산업이 자연에 미치는 영향을 고민하면서 디자이너들은 생태 환경적인 옷을 만들기 시작했습니다. 이를 '에콜로지 룩'이라고 합니다.

다. 면화의 재배와 가공 과정에서 대량의 화학비료, 살충제, 낙엽제, 표백제, 화학염료가 사용되고 있으므로 결코 친환경적이지 못하기 때문입니다. 농약과 화학염료를 사용하지 않은 유기농 면화만이 친환경적인 소재로 인정받을 수 있을 것입니다.

20세기 디자인 철학에 가장 큰 영향을 끼친 빅터 파파넥Victor Papanek은 소비주의를 비판적으로 바라보면서 생태학적 디자인의 중요성을 주장했습니다. 파파넥은 1971년 발표한 저서 『인간을 위한 디자인Design For Real World』을 통해 생태학적 미학에 기초한 디자인을 강조했습니다. 그는 "디자인 과정에서의 재료 선택, 대량생산

과정, 제품의 포장, 완성된 제품, 제품의 운송, 쓰레기 문제 등이 생태계에 심각한 영향을 미친다."라고 주장하여 디자인에도 생태학적인 관점이 필요하다는 것을 세상에 널리 알렸습니다.

자연의, 자연에 의한, 자연을 위한 섬유

환경의 중요성이 날로 증가함에 따라 친환경성 소재에 대한 연구도 활발하게 진행되고 있습니다. 지금까지 섬유 강화 복합재료의 보강재로 주로 사용된 섬유로는 유리섬유, 탄소섬유와 합성고분자 섬유가 있습니다. 기존의 이러한 복합재료들은 내열성, 인장 강도 등이 우수해 다양한 곳에 사용되어 왔습니다. 하지만 유리섬유의 경우 유해성과 폐기물 처리 문제가 지속적으로 제기되고 있습니다. 따라서 새로운 친환경성 복합재료의 개발이 꼭 필요한 것입니다.

천연섬유를 강화재로 한 친환경성 복합재료는 천연섬유 복합재료 또는 바이오 복합재료, 그린 복합재료 등으로 불리기도 합니다. 천연섬유 복합재료는 식물섬유나 동물섬유를 이용합니다. 식물섬유로는 대나무, 아마, 파인애플 등과 같은 식물의 줄기와 잎이 사용되는데, 탄소섬유나 아라미드 섬유보다는 약하지만 유리섬유에 비해 훨씬 강합니다. 그래서 옛날에는 천연섬유로 배의 로프를 만들기도 했던 것입니다. 이미 황마나 양마 같은 식물섬유는 의류, 산업, 건축 및 경작용 재료로 널리 사용됩니다. 대나무 섬유는 예술 소재, 정원, 조경 또는 건축 재료로 사용되고 있습니다.

물론 친환경성 복합재료로 강도가 높은 것만 필요한 것은 아닙니다. 바다 속의 해초에서 얻을 수 있는 알지네이트Alginate 섬유는 의료 분야에서 가장 높은 가능성을 가진 바이오 고분자로, 상처를 매는 붕대를 만들 때 사용하는 소재로 주목받고 있습니다. 알지네이트는 키토산이나 키틴 등의 바이오 고분자와 결합하면 의료용으로 널리 사용될 수 있는 물질입니다. 특히 특수 분장에도 사용되는데, 섬유로 만들기에도 좋은 특성을 가지고 있습니다.

식물성 섬유 이외에 동물성 섬유를 이용하는 방법도 있습니다. 먼저 닭이나 오리의 엄청난 양의 깃털로 '깃털 섬유'를 만들어 일회용 기저귀나 플라스틱을 제작하는 방법이 연구되고 있습니다. 또한 새우나 게 껍질에서 키틴이나 키토산을 추출하여 사용하는 '재생 섬유'도 있습니다. 이러한 친환경성 복합섬유는 여러 가지 처리 과정을 거쳐 더욱 우수한 특성을 가진 섬유로 탄생되게 됩니다.

:: 에른스트 하인리히 헤켈Ernst Heinrich Haeckel(1834~1919) :: 독일의 생물학자·철학자. "개체 발생은 계통 발생을 반복한다."라는 생물 발생 법칙을 제창하였다. 배아가 발생할 때 각 단계는 이미 그 개체의 조상이 걸어온 진화의 단계를 거쳐서 태어나게 된다는 것이다. 이 이론을 설명하기 위해 교과서에 흔히 등장하는 것이 물고기, 닭, 사람이 발생할 때 비슷한 과정을 거치는 그림이다. 이 그림은 헤켈이 자신의 주장을 뒷받침하기 위해 일부러 수정한 것으로 옳지 않은 내용이지만 아직도 많은 책에 등장한다. 그는 생태학이라는 용어를 처음 사용하였고, 다윈의 진화론을 보급하는 데 많은 노력을 하였다. 저서로 『일반 형태학』 『인류의 발생』 등이 있다.

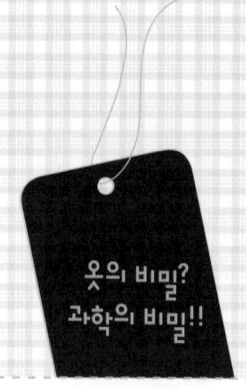

전신 수영복 착용 금지령

2008년 베이징 올림픽 자유형 400미터 금메달리스트였던 박태환 선수가 어찌된 일인지 2009년 세계 수영 선수권 대회에서는 예선 탈락이라는 부진한 성적으로 주변을 놀라게 한 적이 있습니다. 이러한 충격적인 성적에 박태환 선수가 슬럼프에 빠진 것은 아닌지 많은 사람들이 걱정했습니다. 하지만 2010년 호주에서 열린 오픈 대회에서 3관왕을 차지하며 건재함을 과시하기도 했습니다. 그렇다면 2009년과 2010년 사이에 어떤 변화가 있었기에 이러한 차이가 생긴 것일까요?

2009년처럼 수영계에 말이 많았던 시기도 없었을 것입니다. 우리에겐 박태환 선수의 부진이 안타까운 소식으로 날아왔지만, 로마 세계 수영 선수권 대회에서 미국의 수영 황제 마이클 펠프스가 무명에 가까운 독일의 파울 비더만에게 금메달을 내주는 이변도 생겼습니다. 이러한 일이 순전히 선수들의 실력 차이에서 비롯된 것이라면 아무런 말이 나오지 않았을 것입니다. 하지만 비더만의 우승에 그가 입은 수영복이 큰 역할을 했다는 것이 알려지자, 이를 두고 '기술적 도핑'이라고 부르며 문제 삼기 시작했습니다. '도핑'이란 선수들이 금지된 약물을 먹어 경기력을 향상시키는 것을 말하는데, 첨단 수영복이 약물은 아니지만 선수들의 실력을 향상시켜 준다는 의미에서 이러한 말을 한 것입니다. 비더만은 아레나에서 만든 X-글라이드를 입고 나왔고, 펠프스와 박태환은 스피도의 레이저 레이서LZR Racer를 입고 나왔습니다.

레이저 레이서는 나일론 70퍼센트에 폴리우레탄 30퍼센트를 합성해 만들었으며, X-글라이드는 100퍼센트 폴리우레탄 소재로 만들었습니다. 폴리우레탄 소재의 수영복은 가볍기 때문에 수영할 때 부력이 증가하며, 표면 밀도가 높아 물의 저항도 줄어듭니다. 뿐만 아니라 탄성이 좋아 근육의 피로도 줄여 주기 때문에 기록 향상에 많은 도움을 줍니다.

2009년도 대회에서는 X-글라이드가 신기록 제조기 역할을 톡톡히 하며, 이 수영복을 입은 선수들 대부분이 우승을 차지했습니다. 하지만 사실 '기술적 도핑'은 2008년 스피도에서 만든 레이저 레이서를 입지 않았던 선수들 측에서 먼저 제기한 것입니다. 2008년에는 레이저 레이서를 입었던 펠프스와 같은 선수들이 신기록을 쏟아 냈기 때문입니다.

첨단 수영복에 대한 경쟁은 이 두 수영복이 처음은 아닙니다. 1890년대 이전의 수영복은 드레스라고 불릴 만큼 거추장스러웠습니다. 1900년 이

후 수영이 보편화되면서 수영복이 간편해지긴 했지만 면이나 마 소재로 만들어져 물에 들어가면 옷감이 물을 먹어 무거워지는 불편한 옷이었습니다. 1935년에 상의가 없는 반바지 형태의 수영복이 나왔고, 1964년 도쿄 올림픽에서 물을 거의 먹지 않는 나일론 수영복이 등장했습니다. 이후 1976년 몬트리올 올림픽에서는 나일론과 폴리우레탄 혼방 수영복이, 1988년 서울 올림픽에서는 실의 굵기를 20마이크로미터에서 8.5마이크로미터로 줄인 매끄러운 수영복이 나왔습니다.

1999년에는 아디다스의 혁신적인 전신 수영복인 제트 콘셉트Jet Concept가 등장했습니다. 모두들 더 짧은 수영복을 고집할 때 아이다스는 몸을 덮는 수영복을 만들었습니다. 호주의 수영 영웅 이안 소프는 전신 수영복을 입고 2000년 시드니 올림픽에서 3개의 금메달, 2001년 후쿠오카 세계 선수권 대회에서 무려 6개의 금메달이라는 기록을 세워 전신 수영복에 대한 관심에 불을 지폈습니다.

당시만 해도 수영계에서는 수영복보다는 선수의 기량이 우선이라고 주장하며 이러한 첨단 수영복에 대해 별 관심을 보이지 않았습니다. 하지만 상어 비늘을 본뜬 미세한 돌기riblet를 붙이는 등 수영복에 온갖 하이테크가 동원되어 기록에 많은 영향을 주자, 국제수영연맹FINA에서는 '첨단 수영복 착용 금지'라는 극단의 결정을 내리게 되었습니다. 그 영향으로 2009년에 수립된 수영 기록이 당분간 깨지지 않을 것으로 예상되기 때문에 수영을 보는 재미가 줄어들 것이라고 걱정하는 사람들도 있습니다. 하지만 원래 반신 수영복을 착용했던 박태환 선수에게는 이러한 결정이 유리하게 작용할 것이라 하니 불행 중 다행인지도 모르겠습니다.

제3부

과학을 스타일링하다

1

먼지와 세균으로부터 옷을 지켜라

마찰력을 활용하여 옷을 보호하는 방법

내 스타일을 망가뜨리는 것

깨끗하게 세탁된 옷을 입으면 기분이 좋습니다. 그리고 누구나 새 옷을 입고 싶어 합니다. 하지만 아무리 좋은 새 옷이라고 해도 계속 입고 있을 수는 없습니다. 옷이 더러워지면 세탁해야 하니까요.

얼룩이 묻었거나 깃에 누렇게 때가 낀 셔츠를 입고 다닌다면 아무리 명품을 입었다고 해도 멋이 나지 않을 것입니다. 얼룩은 스타일을 망치기도 하지만 위생상 좋지 않기도 합니다. 데이트를 위해 마련한 새 옷을 잘못 보관했다가 구겨진 것도 모른 채 입고 나간다면 이보다 더 스타일 구기는 일도 없을 것입니다. 패션의 최대 적, 때와 구김. 도대체 이 때와 구김은 왜 생기는 것일까요?

옷은 왜 구겨질까?

옷이 늘 새 옷 상태를 유지할 수는 없습니다. 옷은 입는 동안 여러 가지 이유로 구겨지기도 하며 보풀이 일기도 하고, 박음질 부분에 변형이 생기기도 합니다. 이렇게 옷에 변형이 생기면 옷은 볼품 없어지게 됩니다. 그렇다면 옷의 변형은 왜 일어나는 것일까요?

옷이 구겨지는 이유는 옷에 힘이 작용했기 때문입니다. 물론 힘이 작용한다고 모든 옷에 구김이 발생하는 것은 아닙니다. 일반적으로 옷은 접었다가 펴면 원래 상태로 돌아갑니다. 이는 섬유가 탄성을 지니고 있어서 외력이 제거되면 원래 상태로 돌아가려는 성질을 가지고 있기 때문입니다.

하지만 탄성한계를 넘어선 큰 외력은 섬유 분자를 변형시켜 원래 상태로 돌아올 수 없게 만들어 버립니다. 따라서 탄성한계가 큰 섬유들은 쉽게 구겨지지 않습니다. 스판덱스로 만든 옷들이 쉽게 구겨지지 않는 것도 이러한 이유 때문입니다. 그리고 비교적 탄성이 큰 양모, 나일론, 폴리에스터로 만든 옷들도 잘 구겨지지 않습니다. 반면에 탄성이 약한 면이나 레이온으로 만든 섬유들은 잘 구겨집니다.

탄성한계
탄성을 유지할 수 있는 힘의 한계.

비가 온 뒤나 오랫동안 앉을 때 옷이 잘 구겨지는 이유는 무엇일까요? 이때는 마치 파마를 했을 때와 비슷한 일이 섬유에서 일어난다고 생각하면 됩니다. 섬유 사이에는 수소결합이라고 하는 약한 결합이 있어서 이를 통해 분자들이 결합하고 있습니다. 하지만 섬유에 수분이 많아지게 되면 이 수소결합이 쉽게 끊어지고 새로운 결합이 쉽게 형성됩니다. 즉 옷이 구겨진 채로 수소결합이 끊어져 새로운 결합이 생기면, 구겨진 모양대로 새로운 결합이 생겨 그대

수소결합

전기 음성도가 큰 원자와 수소 사이의 화학결합. 수소결합을 한 대표적인 물질이 물이다. 수소결합은 분자 내 결합이 아니라 분자와 분자 사이의 결합이다. 하지만 일반적인 분자끼리의 인력보다는 강하며, 원자끼리의 결합보다는 약하다. 물이 열을 많이 저장할 수 있는 능력이 있는 것도 바로 수소결합 때문이다.

아무리 새 옷이라도 구겨져 있을 때가 있지요? 패션모델도 무대 뒤에서는 구겨진 옷을 펴느라 분주합니다. 다리미와 스팀 등을 이용해서 옷을 편답니다.

로 유지되기 때문에 다리미질을 해야만 펴지는 것입니다. 다리미질은 원래의 수소결합으로 돌아가기 위해 물, 열, 압력을 가하는 것입니다. 화학결합은 온도가 높으면 더 잘 일어나기 때문에 다리미질을 할 때에는 높은 열을 가합니다.

구김이 외력에 의해 생긴다면 보풀은 마찰에 의해 발생합니다. 보풀을 '필링pilling'이라고도 부르는데, 실의 일부가 옷의 표면에 뭉치는 현상을 말합니다. 보풀은 섬유의 강도와 밀접한 관계가 있습니다. 섬유의 강도가 작으면 보풀이 쉽게 떨어져 나가기 때문에 보풀 제거기를 이용해 보풀을 제거할 필요가 없습니다. 면이나 양모 섬유는 강도가 약하기 때문에 보풀이 잘 생기지 않는 것입니다.

옷의 박음질한 부분이 오글오글해지는 현상은 '퍼커링Puckering' 이라고 합니다. 퍼커링은 봉제 과정에서 옷을 박을 때 가해진 인장력에 의해 옷이 변형되어 생깁니다. 옷감의 종류, 재봉할 때 사용한 실의 종류 및 수축성, 소재와 재봉실의 신장성 차이 등에 따라 이러한 현상이 발생합니다. 신축성이 다른 옷감끼리 봉제할 때 특히 퍼커링이 많이 생기는데 경미한 경우에는 다리미질로 해결할 수 있습니다.

복잡한 때의 세계

우리는 쉽게 때(보통 세탁 관련 책에서는 '오구'라고 부릅니다)가 묻었다고 말하지만 때의 세계는 생각보다 복잡합니다. 때는 발생

장소에 따라 내부와 외부, 성질에 따라 수용성과 지용성으로 나뉩니다. 내부라는 것은 사람의 몸에서 나온 때를 말하며, 외부는 바깥 환경에서 기인한 때를 말합니다. 그리고 때를 수용성과 지용성으로 나누는 것은 때를 제거할 때 차이가 나기 때문입니다. 이와 같이 발생 원인과 성분에 따라 속옷과 겉옷에 생기는 때의 구성 성분에도 차이가 있습니다.

사람 몸에서 나오는 때에는 땀과 같은 신체 분비물, 배설물, 죽은 피부 세포 등이 있습니다. 이러한 때는 사람에 따라 생기는 원인은 물론, 때가 생긴 후의 모습도 모두 다르기 때문에 같은 옷을 입어도 더 빨리 더러워지는 사람이 있습니다. 또한 사람마다 몸에서 나오는 신체 분비물이 모두 달라서 사람들이 입고 벗는 속옷은 저마다 다른 냄새가 납니다.

속옷에 생기는 때에는 피지선에서 분비되는 피지 성분과 각질 성분이 많습니다. 따라서 속옷의 때를 성분별로 구분해 보면 지방의 구성 성분인 트리글리세리드와 유리지방산이 가장 많고 단백질의 구성 성분인 질소화합물과 염분도 많습니다. 트리글리세리드와 유리지방산은 피부 건조를 막기 위해서 분비되는 피지의 주요성분인데, 피부와 접촉해 있는 속옷에 많이 묻습니다. 질소화합물은 단백질을 구성하는 성분으로 오래된 피부 세포와 땀에서 생깁니다.

간혹 펜을 사용하다가 잉크가 묻거나 음식을 먹다가 옷이 오염되기도 합니다. 하지만 외부로부터 생기는 때의 대부분은 먼지입니다. 먼지의 성분은 지역에 따라서도 많은 차이가 나며, 미세한 흙이

트리글리세리드
글리세롤이나 고급 알코올과 에스테르 결합을 이루지 않은 지방산. 단순 지방질의 하나이다.

유리지방산
글리세롤에 3개의 지방산 분자가 결합되어 있는 것. 실온에서 고체인 것을 지방이라고 부르며, 액체인 것을 기름이라고 한다. 따라서 화학적으로 지방과 트리글리세리드는 같은 말이다.

나 자동차나 공장에서 발생한 매연 성분이 대부분입니다. 먼지 입자가 눈에 보일 정도로 큰 것들은 솔로 털면 쉽게 제거할 수 있지만 먼지의 50퍼센트 이상을 차지하는 4마이크로미터 이하의 미세한 먼지는 털어서 제거하기 어렵습니다. 미세한 먼지가 섬유 사이에 끼어 잘 떨어져 나오지 않기 때문입니다.

때는 왜 묻을까?

몸에서 다양한 분비물이나 피부 세포가 떨어져 나온다는 것은 어렵지 않게 알 수 있을 것입니다. 그렇다면 이러한 때는 어떻게 옷에 묻는 것일까요? 옷에 때가 묻는 원리를 알면 때를 잘 제거할 수 있습니다. 때가 묻는 것은 물리적인 힘과 화학적인 결합에 의한 것으로 구분할 수 있습니다. 물리적인 힘에는 마찰력이나 정전기와 같은 인력, 반데르발스 힘Van der Waals' force 등이 있고, 화학적인 결합에는 수소결합, 이온결합, 공유결합이 있습니다.

흔히 털어 낼 수 있는 먼지와 같이 때의 덩어리가 큰 경우에는 섬유와의 마찰력에 의해 옷에 붙어 있게 됩니다. 섬유 올과 때 사이의 마찰력에 의해 붙어 있는 때는 옷을 털면 쉽게 제거가 되기 때문에 큰 문제가 되지는 않습니다. 이렇게 큰 때는 접촉을 통해 묻기 때문에 먼지가 있는 곳을 피하면 옷이 더러워지는 것을 방지할 수 있습니다. 하지만 겨울철에 붙는 작은 먼지들은 피하기 어렵습니다. 이러한 작은 먼지들은 접촉에 의해 옷에 붙는 것이 아니라 정전

반데르발스 힘
중성인 두 개의 분자 사이에 작용하는 힘. 특히 멀리까지 미치는 약한 인력 부분을 말하며, 수소나 이산화탄소의 액체화와 고체화 작용에 나타나는 힘 등이다.

공유결합
한 쌍 이상의 전자를 함께 공유하여 이루어지는 화학결합.

기에 의해 옷으로 끌려와서 붙는 것이기 때문입니다. 겨울철에 검정 벨벳 슈트를 입으면 작은 먼지들이 잔뜩 붙는 것은 바로 정전기 때문입니다. 컴퓨터 모니터나 텔레비전 뒤쪽에 회색 먼지들이 가득 붙어 있는 것도 정전기의 인력 때문입니다. 정전기의 인력으로 인해 작은 먼지들은 옷을 터는 것만으로는 잘 떨어지지 않으며 물수건으로 닦아 내면 제거가 가능합니다. 이는 정전기가 수분에 의해 쉽게 이동하며, 또 작은 먼지들이 물의 극성에 쉽게 끌리기도 하는 성질 때문입니다.

먼지들이 옷에 붙는 또 다른 원인으로 반데르발스의 힘이 있습니다. 반데르발스의 힘은 분자 사이에 작용하는 힘으로 분자의 거리가 아주 가까워졌을 때에만 작용하는 힘입니다. 벽 타기의 명수인 게코도마뱀이나 거미, 파리가 벽을 오를 수 있는 것도 모두 미세한 털과 벽 사이의 반데르발스 힘을 이용한 것입니다. 이러한 동물들의 털은 아주 미세하여 벽과 접촉 면적을 넓혀 반데르발스 힘을 최대한 이용하게 됩니다.

이와 마찬가지로 때가 아주 작을 경우에는 반데르발스 힘에 의한 영향력이 크기 때문에 쉽게 제거되지 않지만, 때의 크기가 크면 반데르발스 힘보다 외력이 더 크기 때문에 쉽게 털어 낼 수 있습니다. 이는 운동장에서 슬라이딩을 한 야구 선수를 보면 잘 알 수 있습니다. 슬라이딩 후 옷을 털어 내면 큰 흙들은 떨어져 나가지만 미세한 먼지들은 경기가 끝날 때까지 유니폼에 계속 남습니다. 이는 바로 반데르발스 힘 때문입니다.

섬유와 때가 화학결합을 하는 예로 물감, 과일즙, 피, 녹 등을 들 수 있습니다. 이 경우에는 때가 섬유와 화학결합을 하고 있기 때문에 물리적인 힘을 가해도 쉽게 떨어지지 않습니다. 왜냐하면 화학결합은 반데르발스 힘보다 강도가 훨씬 크기 때문입니다. 이럴 경우에는 더 강력한 화학결합으로 때를 분리해 내야 합니다. 그래서 용매를 사용하는 것과 같은 화학 처리가 필요한 것입니다.

2

제대로 빨아야 오래 입어요

올바르게 옷을 입기 위한 첫 단계, 세탁

때 빼고 광내면 과연 끝일까?

주부의 일손을 덜어 준 일등 공신은 세탁기가 아닐까요? 세탁기가 발명되지 않았을 때, 빨래를 한다는 것은 상당한 노동력을 필요로 하는 일이었습니다. 하지만 오늘날에는 빨래를 세탁기에 넣고 주부들은 편안하게 책이나 텔레비전을 볼 수 있는 여유가 생겼습니다. 물론 세탁기가 등장하면서 과도한 세탁으로 물 사용량이 증가되기도 했지만 세탁기가 항상 깨끗한 옷을 입도록 해 주는 고마운 기계인 것은 분명합니다.

최근에는 세탁 기능에 살균, 항균 기능까지 더해졌습니다. 세탁기가 이제는 건강까지 챙기고 있습니다. 하지만 세탁기의 이러한 다양한 기능에 의존하기 전에 올바른 세탁 지식을 가지는 것이 건강에 훨씬 도움이 될 것입니다. 그렇다면 건강 세탁법에는 어떤 것이 있을까요?

빨래, 얼마나 해 보셨나요?

빨래를 어떻게 하느냐고 묻는다면 아마 아이들은 대부분 세탁기가 한다고 대답할 것입니다. 그냥 세탁기에 빨래를 넣고 세제를 부은 후 돌리면 그만이라는 것이죠. 하지만 빨래는 생각만큼 그렇게 간단한 작업이 아니랍니다. 옷에 맞게 세탁을 하지 않으면 옷이 손상되며, 심한 경우 잘못된 세탁으로 인해 새 옷을 입을 수 없게 되기도 합니다. 그렇다면 올바른 세탁 방법은 무엇일까요?

입어서 구겨지거나 더러워진 옷을 원 상태로 회복시키는 것만이 세탁의 전부는 아닙니다. 옷을 입는 동안 옷에 붙은 각종 세균이나 좋지 않은 냄새를 제거하여 위생 상태를 좋게 만드는 것도 세탁에 포함됩니다. 그리고 중요한 것은 이러한 세탁 작업이 친환경적으로 이루어져야 한다는 점입니다. 즉 세탁기가 물과 전기를 적게 소비해야 하며, 세제와 세탁에 사용되는 용제는 환경오염을 일으키지 않거나 최소화해야 합니다.

빨래를 하기 위해서는 우선 빨랫감을 분류해야 합니다. 모든 빨랫감을 세탁기에 넣고 함께 돌리면 심하게 오염된 옷에 의해 다른

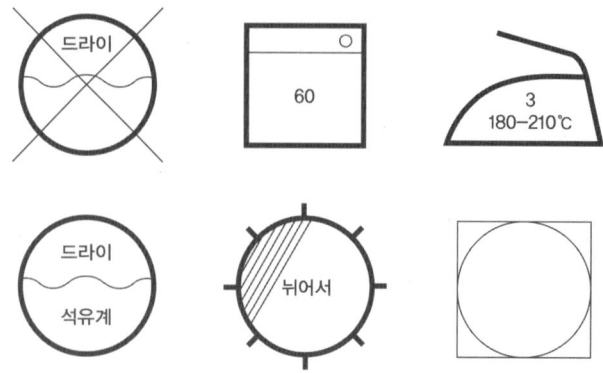

섬유제품의 취급에 관한 표시 기호

옷이 재오염되는 일이 생기기도 하며, 양모와 견으로 된 옷은 변형을 일으키기도 합니다. 따라서 옷의 색이나 오염 정도에 따라 빨랫감을 분류하고 옷감의 종류도 고려해서 분류해야 합니다.

옷감에 따른 최적의 세탁 방법은 옷 내부의 라벨에 표시되어 있습니다. 섬유 상품에 표시하여야 하는 취급상 주의사항의 표시는 KS K 0021(섬유제품의 취급에 관한 표시 기호 및 그 확인 표시 방법)의 취급 표시 기호를 3종류 이상 표시하도록 되어있습니다. 드라이클리닝이 필요 없는데도 드라이클리닝을 하라고 표시하는 등 불성실하게 표시하는 경우도 있기는 하지만, 대부분은 이 표시를 따라서 세탁하는 것이 좋습니다. 이는 차후 세탁에 따른 피해 보상 문제가 발생했을 때에도 중요하기 때문입니다.

세탁물을 구분했으면 물이나 세제 용액에 담가 두고 애벌빨래를 하는 것이 좋습니다. 이렇게 예비 세탁을 하면 심하게 오염되어 있는 세탁물에서 일부 오염이 제거되는 효과를 얻을 수 있습니다. 무엇보다 세제에 들어 있는 효소를 이용해 때를 제거할 수 있기 때문에 애벌빨래는 중요합니다. 효소는 체온보다 조금 높은 섭씨 40도 정도의 물에 담그면 효과적입니다. 효소는 단백질로 이루어져 있어서 너무 뜨거운 물에서는 구조가 변형되어 촉매 기능이 떨어지게 됩니다. 또한 뜨거운 물은 자칫 탈색이나 재염색의 우려가 있어 좋지 않습니다.

예비 세탁이 끝나면, 손세탁과 세탁기에 넣을 빨래를 구분하여 세탁을 하면 됩니다. 손세탁이나 세탁기 모두 물리적인 힘으로 때를 벗기는 것입니다. 따라서 얇은 블라우스와 같은 섬세한 옷은 빨래판을 사용해 세탁하면 과도한 힘에 의해 변형이 일어나는 경우가 있기 때문에, 흔들거나 살짝 누르는 정도의 힘만 가해서 세탁해야 합니다.

무슨 세탁기가 이렇게 많지?

지금은 세탁기로 빨기 힘든 세탁물만 손세탁을 하지만, 세탁기가 없었던 과거에는 모두 손으로 빨 수밖에 없었습니다. 상수도가 충분하게 보급되지 않았던 시절에 빨래는 월중 행사일 정도로 매우 드문 일이었습니다. 특히 겨울옷의 경우에는 봄이 오고 나서야 겨우 빨 수 있었습니다. 1980년이 지나면서 가정에 세탁기가 보급되기 시작했고 세탁 빈도도 증가하기 시작했습니다. 1990년대 말에는 대부분의 가정에 세탁기가 보급되었고 2000년대에는 다양한 기능을 가진 세탁기가 등장했습니다.

세탁기의 종류는 일반적으로 와류식(임펠러식), 교반봉식, 수평 드럼식의 세 가지로 구분합니다. 임펠러식 세탁기는 세탁기 바닥에 회전판impeller이 붙어 있어서 붙여진 이름으로, 구조가 간단한 과거에 가장 흔한 세탁기였습니다. 임펠러식은 세탁 시간이 짧고 세탁 효과가 크다는 장점은 있지만 세탁물에 물리적인 힘을 많이 가하기 때문에 섬유 손상이 많다는 단점이 있습니다. 또한 다른 방식에 비해 물을 많이 사용하기 때문에 친환경적이지 못한 것도 문제입니다.

교반식은 중간에 봉이 들어 있는 세탁기인데 임펠러식보다 옷의 손상이 적고 물도 적게 사용한다는 장점이 있습니다. 하지만 가격이 조금 더 비쌉니다.

수평 드럼식 세탁기는 다른 방식보다 물을 적게 사용하며, 섬유의 손상도 적어 최근에 많이 사용되고 있습니다. 수평 드럼식 세탁기는 드럼이 회전할 때 빨래가 드럼을 따라 올라갔다가 떨어질 때 충격으로 세탁이 이루어집니다. 따라서 세제에서 거품이 많이 발생하면 그만큼 충격이 줄어들어 세탁 효과도 감소하게 됩니다. 그렇기 때문에 드럼식 세탁기 전용 세제를 사용해야 하는 것입니다. 드럼식 세탁기는 약한 힘을 가해 세탁하기 때문에 다른 방식의 세탁기보다 세탁 시간이 길다는 단점이 있습니다.

우리나라 최초의 세탁기는 1969년에 생산되기 시작했지만 꾸준한 기술 개발로 최근에는 세계를 놀라게 하는 다양한 제품들을 생산하고 있습니다. 기본적인 세탁 기능 외에 건조나 살균 기능까지 추가된 세탁기가 등장하고 있는데 은나노 세탁기와 같은 경우에는 은의 뛰어난 살균 기능을 이용해 많은 주목을 받고 있습니다. 물론 은나노 입자에 의한 환경오염 문제가 일부 시민단체에 의해 제기되고 있기는 하지만 제조사에서는 안전성 검사를 했기 때문에 특별한 문제를 일으키지는 않을 것이라고 주장하고 있습니다.

세탁한 옷인데 왜 냄새가 날까?

은나노 세탁기가 등장한 이유는 그만큼 옷에 여러 가지 세균이 번식할 가능성이 많기 때문입니다. 혹시 세탁기를 돌리고 난 후 깜빡 잊어서 세탁기 속에 세탁물을 몇 시간 동안 둔 적이 없나요? 온도가 높은 여름철의 경우 이런 일이 일어나면 다시 세탁을 해야 할 만큼 냄새가 심하게 나기도 합니다. 그만큼 세탁기 내부가 세균이 증식하기 좋은 환경을 갖추고 있다는 증거입니다. 세탁기뿐만 아니라 옷을 관리할 때에도 항상 염두에 두어야 하는 것이 바로 '미생물'입니다.

가족이나 룸메이트가 무좀 같은 피부병에 걸렸다면 수건을 통해 병이 전염될 수 있습니다. 물론 내의를 통해서도 전염되기도 하지만 내의를 같이 입는 경우는 흔치 않겠죠?

빨래를 한 후에는 탁탁 털어 햇볕에 말리는 것이 가장 좋습니다. 세균이 강한 햇볕을 받아 죽거든요. 하지만 강한 직사광선은 옷에 해로우니 주의해야 합니다.

옷에는 각종 세균들이 번식할 수 있기 때문에 세탁 후 햇볕에 말리는 것이 가장 좋습니다. 하지만 아파트나 원룸과 같이 외부에서 건조하기 힘든 경우에는 이러한 살균 효과를 기대하기 어렵습니다. 창문을 통해 들어오는 햇볕은 살균 효과가 거의 없는데 이는 자외선이 창문에 대부분 흡수되기 때문입니다. 따라서 창문을 열어야 살균 효과를 얻을 수 있습니다. 강한 직사광선은 옷의 색상을 변형시킬 수 있으니 라벨을 잘 확인하고 말려야 합니다.

밖에서 빨래를 건조시킬 수 있는 환경이 아니라면 다리미질을 하는 것도 좋은 방법입니다. 또는 세탁할 때 빨랫감을 삶거나 살균 효과가 있는 표백제를 사용하는 방법도 있습니다. 간혹 옷에 나프탈렌을 넣어 두면 곰팡이가 생기지 않는다고 생각하는 사람들이 있는데 절대 그렇지 않습니다. 나프탈렌은 좀을 막아 주는 좀약이지 세균을 없애지는 못합니다. 나프탈렌보다는 깨끗하게 세탁한 후 옷을 잘 말려서 보관하는 것이 더 좋은 방법입니다. 보관을 잘 못해서 곰팡이에 의해 옷에 얼룩이 생기면 집에서는 제거하기 어려우니 조심해야 합니다. 특히 가죽옷은 해충에 의해 구멍이 날 수도 있으니 주의해야 합니다. 옷은 잘 사는 것만 중요한 것이 아니라 관리하는 것도 중요하다는 점을 명심해야 합니다.

좀
좀과의 곤충. 몸의 길이는 11~13밀리미터이며, 흑갈색인데 비늘로 덮여 있다. 가슴은 크고 머리에 3~4개의 강모가 나 있다. 날개는 퇴화하여 없고 촉각과 꼬리는 각각 한 쌍이 있으며 꼬리 중앙에 긴 강모가 하나 있다. 의류와 종이의 해충이며 우리나라에만 분포한다.

3

세제에 대한 편견을 버려

깨끗한 옷의 영원한 파트너, 세제의 모든 것

흰 옷은 더욱 희게, 색깔 옷은 더욱 선명하게

아무리 신경을 쓴다고 하더라도 옷은 더러워지게 마련입니다. 때가 묻어 지저분해진 옷은 세탁하면 다시 깨끗해질 수 있습니다. 세탁기에 빨래를 넣고 돌리기만 하면 빨래가 다 될 것 같지만 빨래는 생각만큼 그리 간단하지 않습니다. 옷감의 종류에 따라서 세탁 방법이 다르기 때문입니다.

세탁 방법을 고려하지 않고 세탁을 잘못하게 되면 비싼 옷이 엉망이 되어 입지 못하게 될 수도 있습니다. 단 한 벌뿐인 소중한 옷이 늘어나거나 줄어들 수도 있습니다. 소중한 옷을 더욱 오래 입고 깨끗하게 입기 위해서 세탁 원리에 대해 공부할 필요가 있습니다. 어떻게 세탁을 해야 새 옷처럼 깨끗해질까요?

세제는 왜 필요할까?

빨래를 할 때 물이 필요하다는 것은 누구나 알고 있습니다. 그렇다면 물이 왜 필요한지는 알고 있나요? 이는 물이 만능 용매에 가까울 만큼 모든 물질을 잘 녹이기 때문입니다. 여러분도 알고 있듯이 물은 산소 원자 한 개와 수소 원자 두 개가 결합해 이루어진 물질입니다. 물 분자는 극성을 가지고 있어 이온성 물질이나 극성 물질이 잘 녹을 수 있습니다. 옷을 물에 담그면 때가 잘 녹기 때문에 물에 빨래를 넣고 세탁을 하는 것이랍니다.

물은 또한 적당한 어는점과 끓는점을 가졌습니다. 우리가 생활하는 실온에서는 액체 상태로 존재하기 때문에 관리하기 쉽고, 증발이 잘 일어나 세탁 후 건조시키기도 쉽습니다. 물론 용매 가운데 가장 값이 저렴하다는 것도 중요하겠죠. 이 외에도 물은 인체에 무해하다는 중요한 장점이 있습니다.

이러한 다양한 장점을 가진 물이지만 지용성 때를 잘 제거하지 못하고 표면장력이 크며, 섬유를 변형시킬 가능성이 많다는 단점이 있습니다. 물이 만능 용매라고는 했지만 극성을 가지고 있어 무

이온성 물질
양이온과 음이온 사이의 정전기성 인력에 의한 결합으로 이루어진 물질. 이온성 물질은 녹는점이 높고, 극성 용매에 쉽게 녹는 성질을 가지고 있다. 따라서 이온성 물질인 소금은 가열해서 녹이기는 어려워도 물에는 잘 녹는다.

극성 물질
분자 내에 전하의 분포가 일정하지 않아 부분적으로 전하를 띠게 된 물질. 물이나 염화수소, 암모니아 등이 극성 물질이다.

표면장력
액체를 이루는 분자들이 인력에 의해 표면적을 가능한 한 작게 취하려는 힘. 소금쟁이가 물 위를 걸어 다닐 수 있는 것은 물의 표면장력이 크기 때문이다.

극성인 지용성 물질과는 잘 섞이려고 하지 않습니다. 우리 몸에서 발생하는 때의 많은 부분이 지용성이라는 것을 생각해 보면 물의 이러한 성질은 큰 단점이라고 할 수 있습니다. 또한 표면장력이 커서 섬유 사이로 잘 침투하지 못합니다. 그래서 물과 지용성 때를 잘 섞어 주고 표면장력을 줄여 주는 물질이 필요한데 이것이 바로 '세제'입니다.

세제를 다른 말로 '계면활성제surface active agent'라고도 합니다. 계면은 물과 기름과 같이 성질이 서로 다른 두 물체 사이의 경계 면을 말합니다. 이렇게 물과 때 사이에 경계 면이 형성되면 때를 벗겨 내지 못하기 때문에 억지로 경계 면을 없애 줄 필요가 있습니다. 이렇게 경계 면을 없애는 물질을 계면활성제라고 하는 것입니다.

계면활성제가 물과 기름이 섞일 수 있도록 해 주는 것은 친수기와 친유기를 모두 가지고 있기 때문입니다. 친수기는 물과 친화성이 높은 것을, 친유기는 기름과 친화성이 높은 것을 뜻합니다. 비누나 세제를 물에 넣으면 방울이 표면에 넓게 퍼지는 모습을 볼 수 있는데, 이는 계면활성제의 친유기 부분이 물 바깥으로 나가려고 하기 때문입니다. 이렇게 되면 물의 표면장력이 줄어들고 옷이 물에 쉽게 젖게 됩니다.

비누의 유혹, 더러운 빨래는 모두 오라!
비누는 가장 오래된 계면활성제로, 상당히 오래전에 발명되었던

옷을 더 깨끗하고, 산뜻하고 예쁘게! 빨래에는 세제가 중요한 역할을 한다는 사실을 잊지 마세요!

것으로 보입니다. 기원전 3,000년 전 수메르인의 점토판에 비누를 만드는 방법이 나오기도 한답니다. 하지만 오늘날과 같은 형태의 비누는 1790년 N. 르블랑N. Leblance이 소금에서 탄산나트륨 제조법을 발명하고, 1811년 슈브뢸M.E.Chevreul에 의해 기름과 비누의 화학적 조성법이 밝혀지면서 등장하게 됩니다.

비누는 동식물성 기름과 알칼리를 주원료로 만듭니다. 비누 제조에 많이 사용되는 동식물성 기름으로는 우지(쇠기름)와 야자유가 있습니다. 기름에 포함된 지방산의 종류에 따라 거품이 생기는 정도는 달라집니다. 라우르산이나 올레산이 많이 들어간 비누는 거품이 잘 생기지만 스테아르산이 많이 들어간 비누는 거품이 잘 일어나지 않습니다. 하지만 거품은 비누의 세탁력과는 아무런 상관이 없습니다. 사람들이 거품이 잘 일어나는 것을 좋아하는 경향이 있어서 세제 제조회사에서 거품을 많이 발생하게 만들기 때문입니다.

비누에는 나트륨과 같은 알칼리 금속이 들어 있습니다. 이 알칼리 금속은 기름에 수산화나트륨을 섞어서 비누를 만들기 때문에 포함되는 것입니다. 이처럼 비누는 지방산을 염기로 중화시켜 만들어지는데 이 반응을 '비누화 반응saponification'이라고 부릅니다. 비누화 반응은 에스테르에 수산화나트륨과 같은 강한 염기를 넣고 반응시키면 카르복시산의 나트륨염(비누)과 알코올이 생성되는 반응입니다. 이때 나트륨이 들어간 비누는 고체 형태를 가지게 되며 칼륨이 들어가면 무른 비누가 됩니다. 나트륨과 칼륨 이외의 금속 이온으로 된 비누는 액체 비누가 됩니다.

비누가 물에 녹으면 친유기 부분은 중심으로, 친수기 부분은 표면으로 모여 구를 형성하게 됩니다. 이를 '미셀micelle'이라고 부르는데 하나의 미셀은 40~100개 정도의 비누 분자로 구성되어 있습니다. 비누가 물에 녹으면 수많은 미셀이 형성되어 빛을 산란시키기 때문에 물이 뿌옇게 보입니다. 미셀은 유화 작용(물속에 기름 성분이 섞이는 것)을 통해 때를 섬유에서 분리시킵니다. 비누는 염기성을 띠기 때문에 염기에 약한 모직물을 제외하고는 세탁성이 우수하지만 칼슘 이온이나 마그네슘 이온이 많이 녹아 있는 센물에는 세탁이 잘 되지 않습니다. 이는 칼슘 이온이나 마그네슘 이온이 비누와 결합해서 앙금을 생성하기 때문입니다. 비누의 또 다른 단점은 물에 헹굴 때 비누가 완전히 섬유에서 떨어져 나가지 않는다는 점입니다. 그렇기 때문에 장기간 비누를 사용하게 되면 옷이 손상되고 냄새도 나게 됩니다.

합성세제는 무조건 나쁘다?

합성세제는 석유로부터 합성해서 만들었기 때문에 붙여진 이름으로, 염기성인 비누와 달리 대부분 중성이기 때문에 중성세제라고 불리기도 합니다. 합성세제는 센물에서 세탁력이 떨어지고 동물성 섬유를 손상시키는 비누의 단점을 보완하기 위해 등장한 계면활성제입니다.

합성세제라고 하면 수질오염을 일으키는 주범이라고 생각할지도 모르겠습니다. 물론 처음 만들어진 합성세제의 성분인 알킬벤젠술폰산나트륨ABS은 자연에서 잘 분해가 되지 않아 환경오염을 일으켰습니다. ABS는 비누와 유사한 분자구조를 가지고 있지만 칼슘 이온이나 마그네슘 이온과 결합하지 않기 때문에 뛰어난 세척력을 보이고 가격도 저렴해 과거에 많이 사용되었습니다. 하지만 ABS는 수중 미생물이 분해하기 힘든 분자구조를 가지고 있고 거품을 많

카르복시산
카복시기(−COOH)를 가지는 화합물을 모두 일컫는 용어이다. 1차 알코올의 산화, 나이트릴의 가수분해, 에스테르의 가수분해 등으로 얻는다. 탄소, 수소, 산소를 가진 화합물 중 가장 강한 산성을 나타내는 물질로 염기와 중화하여 염을 형성한다.

금속이온
금속 원자에서 생기는 이온. 모두 양이온이며 주족 금속의 이온은 수용액 중에서 무색이지만, 전이 금속 원소의 이온은 빛깔을 띠는 것이 있다.

센물
칼슘 이온이나 마그네슘 이온 따위가 비교적 많이 들어 있는 천연수. 일반적으로 경도 20도 이상의 것을 가리킨다. 비누가 잘 풀리지 않으므로 세탁에 이용할 수 없고, 음료, 표백, 염색 따위에도 부적당하다.

이 만들어 환경을 오염시켰습니다. 최근에는 좀 더 친환경적인 라우릴황산나트륨SLS이 합성세제로 사용되는데 세척력도 뛰어나고 미생물에 의한 분해도 잘 일어나는 성질을 가지고 있습니다.

과거에는 합성세제의 성능 향상을 위해 폴리인산나트륨Sodium Polyphosphate과 같은 인산염을 넣었습니다. 인산염은 칼슘 이온과 마그네슘 이온을 격리시켜 세탁력을 높여 주기는 했지만 하천을 부영양화시키는 커다란 문제점이 있었습니다. 인산염은 비료의 성분이기도 한데 이러한 영양 성분이 하천에 흘러 들어가 조류를 폭발적으로 증식시키게 되면 물속에 녹아 있는 산소량이 줄어들어 물고기가 떼죽음 당하는 일이 발생하는 것입니다. 그래서 요즘에는 인산염을 사용하지 않고 제올라이트zeolite로 만든 물질을 넣어 세탁력을 높입니다.

합성세제 광고에서 '효소enzyme'가 들어 있다는 문구를 봤을 것입니다. 세제 속의 효소는 유기물을 분해하는 데 도움을 줍니다. 세탁에 사용되는 효소로는 단백질을 분해하는 프로테아제protease나 녹말을 분해하는 아밀라아제amylase, 지방을 분해하는 리파아제lipase 등이 있습니다. 또한 셀룰라아제cellulase라는 효소가 들어 있으면 면으로 된 옷에 일어나는 보풀을 제거하여 섬유의 감촉을 좋게 합니다.

'하얀 옷은 더욱 희게, 색깔 옷은 선명하게!'라는 카피는 세제를 대표하는 말이 되었습니다. 그렇다면 하얀 옷을 더욱 희게 만드는 비결은 무엇일까요? 이는 형광제라고 불리는 물질에 의한 것입니

부영양화
인이나 질소 따위를 함유하는 더러운 물이 호수나 강, 연안 따위에 흘러들어, 이것을 양분 삼아 플랑크톤이 비정상적으로 번식하여 수질이 오염되는 일.

제올라이트
나트륨, 알루미늄을 함유한 함수含水 규산염 광물. 무색 또는 흰색을 띠고 유리 광택이 나며 보통 현무암이나 응회암 따위의 빈 구멍이나 갈라진 틈새에서 난다.

다. 형광제는 세탁과는 무관하지만 흰옷을 더욱 하얗게 보이게 하는 효과가 있습니다. 이 물질은 자외선을 흡수해서 파란빛이 도는 가시광선을 방출하기 때문에 옷을 더욱 하얗게 보이게 합니다. 노래방에서 자외선 램프가 설치된 곳에 가 보면 유달리 희게 빛나는 흰옷을 볼 수 있을 것입니다.

과붕산나트륨과 같은 표백제는 옷의 염료는 빼지 않고 얼룩만 제거하는 역할을 합니다. 그래서 색깔 옷은 더욱 선명하게 보이게 되는 것입니다. 하지만 표백제 성분은 알레르기를 일으킨다는 의심을 받고 있어 주의할 필요가 있습니다.

세제에 관한 가장 큰 오해는 거품이 잘 일어야 세탁이 잘된다는 생각입니다. 거품과 세탁력은 서로 무관한데도 아직도 많은 사람들은 거품이 잘 일어야 세탁이 잘된다고 생각합니다. 세탁기를 사용할 때는 거품이 많이 생기면 오히려 세탁에 방해가 되는데 말이죠.

세제를 많이 사용할수록 세탁이 잘된다는 생각도 버려야 합니다. 최근의 세제들은 적은 양(어떤 회사 제품처럼 한 스푼만 넣어도 될 정도)으로도 효과적으로 세탁할 수 있습니다. 적정량의 세제를 사용해야 환경오염을 줄일 수 있다는 사실을 명심해야 할 것입니다.

과붕산나트륨
붕산과 과산화나트륨 혼합액의 석출물에 전기 분해를 하여 만든 흰색 가루. 냄새가 없고 짠맛이 나며, 살균 소독제·지혈제·표백제·탈취제·치약의 재료 따위로 쓰인다.

:: **니콜라 르블랑** Nicolas Leblanc :: 　프랑스의 화학기술자. 프랑스 루이 16세가 화약과 섬유 산업을 육성하기 위해 세탁소다(탄산나트륨)를 대량생산할 수 있는 방법에 거액의 상금을 걸자 이를 연구해 소금에서 탄산나트륨을 공업적으로 제조하는 '르블랑법'을 발명한다. 르블랑법은 소금에 황산을 섞어 황산나트륨을 얻고 이것에 석회석과 목탄을 첨가해 탄산나트륨을 얻는 방식이었다. 당시 르블랑법은 화학공업을 뜻할 만큼 혁명적이었지만 염산과 황화수소와 같은 유독 물질을 발생시키는 단점이 있었다. 염화수소 증기가 올라오는 공장에서 많은 노동자들은 어떤 보호 장치도 없이 일을 하다가 쓰러져 나갔다. 르블랑법은 비누를 대량으로 만드는 데 기여했지만 한편으로는 심각한 환경오염 문제를 야기했다.

:: **미셸 슈브뢸** Michel Eugène Chevreul :: 　프랑스의 유기화학자. 1823년에 논문 「동물성 지방의 화학적 연구」로 결실을 맺어 유지(油脂, 동물 또는 식물에서 채취한 기름)의 근대적 연구에 기초를 마련하였다. 게이뤼삭과 함께 지방산으로 양초를 만드는 방법을 개발해 특허를 얻었으며, 올레인산, 스테아르산 등의 지방산을 명명하기도 하였다. 1824년에는 유명한 고블랭 염직 공장의 염색 주임이 되어 염료와 색채 대조법을 연구하였는데, 이것은 공업뿐만 아니라 신인상파에도 영향을 주었다.

4

발에서 시작되는 치명적인 유혹

편하고 예쁜 신발을 만들기 위한 노력

신발의 유혹

동화 『빨간구두』는 빨간색 구두가 얼마나 관능적인 아이콘인 지를 잘 말해 주는 이야기입니다. 『빨간구두』의 주인공은 구두 의 저주 때문에 결국 자신의 발을 잘라 낸 후에 자유를 얻습니 다. 하지만 이러한 빨간색 구두의 유혹을 단지 동화 속 이야기 로 치부할 수만은 없을 것 같습니다. 오늘날에도 여전히 엄청난 높이의 하이힐을 신고 다니는 여성들의 발은 주인의 욕심때문 에 날마다 고통 속에서 망가지고 있습니다. 물론 건강을 생각 하는 많은 사람들은 편안한 운동화를 신고 아침마다 운동을 나가기도 하고, 어떤 사람들은 기능성 신발을 신고 다니기도 합 니다. 하지만 수천 켤레의 구두를 수집한 이멜다 마르코스처럼 어떤 이에게 구두는 치명적인 유혹이기도 합니다. 우리도 신발 의 유혹 속으로 한번 빠져 볼까요?

맨발 VS 신발

사람은 다른 동물에게서는 보기 힘든 독특한 방법으로 걷습니다. 물론 일부 동물들이 두 발로 걷기도 하지만 그건 잠시일 뿐, 인간과 같이 안정된 자세로 오랜 시간 이동하지는 못합니다. 캥거루가 두 발로 걷지 않느냐고요? 캥거루는 깡충깡충 뛰지 걷지는 않습니다. 우리는 걷는 동작을 당연한 것처럼 받아들이지만 사실 이는 매우 복잡하고 어려운 기술임에 틀림없습니다. 네 발 동물들은 대부분 태어나자마자 또는 늦어도 며칠 내에 걷지만 인간은 걷는 데 10개월 이상의 긴 시간이 필요한 것을 보면 쉽게 알 수 있습니다.

인간의 걷기 동작이 어려운 이유는 안정성을 유지할 수 있는 면적이 네 발 동물보다 좁기 때문입니다. 서 있을 때 쓰러지지 않기 위해서는 무게중심의 수직선이 발 사이에 있어야 하는데 두 발보다는 네 발인 경우가 더 안정적입니다. 그렇다면 인간이 이렇게 불안정한 이동 기술을 가지게 된 이유는 무엇일까요? 아마도 인간의 걷기 동작을 통해 손이 보행에서 자유로워졌다는 데 가장 큰 의의가 있습니다. 자유로워진 손으로 인간은 많은 물건을 만들 수 있게 되었습니다. 물론 걷기 동작이 불안정하다고 해서 걷기가 비효율적인 것은 아닙니다. 실크로드를 이동한 상인들을 보면 알 수 있듯이 인간은 걸어서 전 세계로 이동할 만큼 걷기를 효율적인 이동 수단으로 사용합니다.

현재 남아 있는 가장 오래된 신발의 흔적은 기원전 2000년경의 것입니다. 하지만 5,000년 전 이집트 석판에 샌들을 신고 있는 사람의 그림이 있는 것으로 봐서 신발은 그보다 훨씬 전에 등장했을 것입니다. 신발이 등장한 시기는 정확하게 알 수 없지만 발을 보호하기 위해 발명되었다는 것만은 분명해 보입니다.

10만 년 전 따뜻한 기후의 아프리카에 살았던 우리들의 조상들은 신발이 필요하지 않았을 것입니다. 하지만 빙하기에 접어들면서 기온이 내려가고 해안선이 후퇴하면서 인류는 새로운 시련을 맞이하게 됩니다. 물론 이 시련은 인간이 전 지구상에 퍼져 살게 되는 계기가 되기도 합니다. 바퀴가 이동 수단의 혁명을 일으킨 것과 같이 이때 신발이 등장하면서 인간은 더 넓은 활동 무대를 가질 수 있게 되었습니다.

초창기 신발은 나무줄기나 동물의 가죽으로 그냥 발을 둘러싼 형태였을 것입니다. 단지 이러한 신발만으로 두 암벽이나 돌길에서 무게가 효과적으로 분산되어 발에 가해지는 압력은 줄어들겠지요. 또한 뜨거운 모래사막, 추운 눈 위에서는 열의 전도를 막아 발바닥을 보호해 주었을 것입니다. 물론 과거에는 사람들이 맨발로 다녔고, 지금도 맨발로 살고 있는 사람들이 많은 것을 보면 맨발로도 신발이 하는 역할이 가능한 것 같습니다. 아치형으로 생긴 발바닥은 압력을 분산시켜 주며, 저항을 받는 시간을 길게 하여 몸에 가해지는 충격을 줄여 줍니다.

신발이 등장하면서 우리는 높은 곳에서 뛰어내려도 발과 무릎을 보호할 수 있게 되었습니다. 충격이 줄어들면 발목이나 무릎 관절에 가해지는 부담도 줄어듭니다. 하지만 과도하게 탄력적이면 오히려 안정성이 줄어들어 부상 위험이 커지게 됩니다. 따라서 좋은 신발은 충격을 줄이면서도 안정성이 있어야 하고 발이 편안한 느낌이 들어야 합니다. 물론 디자인이 좋다면 더할 나위 없겠죠?

다양한 목적을 위해 진화한 신발의 세계

최초의 신발은 발의 보호라는 목적에서 제작되었지만, 신발이 그 사람의 지위를 나타내기 시작하면서 사람들은 점차 신발로 아름다움을 나타내는 데 많은 공을 들이게 됩니다.

신발이 지위를 나타낸다는 것은 동화 속의 이야기를 보면 알 수 있습니다. 『장화 신은 고양이』에서 고양이의 신분은 신고 있던 장화로 대변됐으며, 『신데렐라』의 유리 구두 또한 이러한 맥락으로 이해할 수 있습니다. 동양의 경우에는 비단신이 높은 신분을 상징했습니다.

독특한 것은 중국의 '전족' 풍습입니다. 전족을 한 여성들은 어른이 된 후에도 발의 크기가 10센티미터 정도밖에 되지 않았습니다.

발을 끈이나 가죽으로 심하게 묶다 보니 발에 변형이 생겨 결국 뼈의 성장이 멈춰 기형적인 발을 가지게 되었던 것입니다. 전족을 한 여인은 혼자서는 걷기도 쉽지 않기 때문에 일을 한다는 것은 상상도 하지 못할 일입니다. 결국 전족은 자기가 일을 하지 않아도 될 만큼 집이 부유하다는 것을 상징했습니다. 이러한 고통스러운 전통은 1902년 황명으로도 쉽게 근절되지 않았으며 중국에 공산주의가 등장한 후에야 사라지게 되었습니다.

전족만큼은 아니라고 하더라도 패션을 위해 발을 희생하는 경우는 많습니다. 다리를 길어 보이게 하는 하이힐은 발은 물론 무릎과 허리에도 부담을 줍니다. 하이힐은 '초핀chopine'이라 불리는 역사상 가장 황당한 신발의 후예입니다. 초핀은 기다란 드레스가 바닥에 끌리는 것을 방지하기 위해 고안된 신발로, 엄청나게 높은 통굽 신발처럼 생겼습니다. 심지어는 굽이 50센티미터가 넘는 것도 있었다는데 그 초핀을 신고 걷는다고 상상해 보세요. 사실 초핀을 신는 귀부인들은 걸어 다닐 일이 많지 않고 하인들의 부축을 받으면 되기 때문에 그런 신발이 유행할 수 있었던 것입니다.

초핀을 개량하여 뒷굽만 높인 것이 바로 하이힐입니다. 하이힐은 처음에는 여성들의 전유물이 아니었습니다. 루이 14세의 붉은 하이힐처럼 남자들도 하이힐을 많이 신고 다녔으며, 심지어는 굽이 15센티미터가 넘는 하이힐도 있었다고 합니다. 키 높이 깔창이 필요 없었겠죠?

하이힐의 조상 초핀. 초핀은 기다란 드레스가 바닥에 끌리는 것을 막기 위해 만들어졌습니다.

다양한 기능을 자랑하는 기능성 신발

신발에 패션 기능만 필요한 것은 아닙니다. 운동선수나 특수한 일을 하는 사람들은 상황에 맞는 특수한 기능을 가진 신발이 필요합니다. 또한 질병을 가진 사람들은 치료에 도움이 되는 신발이 필요할 것입니다. 요즘에는 이런 특수한 경우가 아니더라도 다이어트 기능부터 아이들 키가 커진다는 신발까지 다양한 기능의 신발이 등장하고 있습니다. 이러한 기능성 신발은 일반 신발보다 고가임에도 불구하고 판매가 지속적으로 성장세를 보이고 있다고 합니다. 그만큼 건강을 생각하는 사람이 많다는 뜻이겠죠?

가장 많이 알려진 기능성 신발은 다이어트 신발일 것입니다. 다이어트 신발의 운동 효과에 대한 많은 연구결과들이 있는데, 일반 신발보다 폐순환 기능 및 에너지 소비량을 증가시키는 효과가 있다고 합니다. 이런 다이어트 신발은 더 많은 근육을 사용함으로써 에너지 소비량을 높이는 원리를 이용한 것이랍니다. 신발의 뒤축을 없애거나 기울어지게 만들어 발이 땅에 닿을 때 종아리 쪽 근육을 뻗게 만들고 이로 인해 더 많은 에너지를 소비하게 만드는 것입니다.

신발 바닥이 유선형으로 설계된 다이어트 신발은 자세 교정 효과도 있다고 알려져 있습니다. 발 뒤쪽에 체중의 75퍼센트를, 앞쪽에 체중의 25퍼센트를 두면 발바닥의 아치 모양을 유지시켜 다리 근육의 피로를 줄일 수 있습니다. 뒤쪽에 체중의 75퍼센트를 두는 것은 뒤로 넘어지지 않기 위한 최대 수치로, 일반적으로는 이보다 무게를 적게 둡니다. 유선형으로 만들어진 후방 밸런스 신발을 신으면 이상적으로 체중을 배분할 수 있게 됩니다. 이 신발이 자세 교정 효과가 있는 것은 몸을 바로 세우는 근육을 더 많이 사용하도록 만들기 때문입니다. 즉 척추를 바로 세우는 척추 기립근(척추 세움근)의 사용을 증대시켜 자세 교정에 도움을 준다는 것입니다.

최근에는 아이들의 성장판을 자극하여 성장호르몬 분비를 촉진시키는 신발이 대박을 터트리기도 하는 등 기능성 신발에 대한 관심이 증가하고 있습니다. 기능성 신발이 어느 정도 효과가 있는 것은 사실이지만 이보다 중요한 것은 발에 맞는 편안한 신발을 골라 신어야 한다는 것입니다. '킬힐'이라 불리는 엄청나게 높은 하이힐이 유행하고 있는데, 멋과 건강 중 무엇이 더 중요한지 한 번쯤은 고민을 해 봐야 할 것 같습니다.

:: 이멜다 마르코스 Imelda Romuáldez Marcos ::　필리핀 제10대 대통령 페르난도 마르코스의 부인이다. 독재자로 군림하던 남편이 실각하면서 함께 하와이로 망명했다. 이후 대통령 궁의 호화로운 생활이 알려지면서 화제가 되었다. 그녀는 한 번도 빠짐없이 패션 쇼에 참가하고 성대한 파티를 열었으며, 그녀의 신발은 무려 3,000켤레나 되었다. 이러한 연유로 '이멜다스럽다.'라는 말은 '구두에 미치다.'라는 의미로 쓰이기도 한다.

5
얼굴을 빼놓지 마세요
패션의 화룡점정, 화장과 향수

나는 샤넬 NO.5를 입고 잔다

옷만 잘 입는다고 해서 패션이 완성되는 것은 아닙니다. 사람마다 어울리는 옷이 모두 다르듯이, 옷에 따라 어울리는 메이크업도 다릅니다. 옷과 메이크업이 조화를 이룰 때 하나의 스타일이 완성되는 것입니다. 상황에 따라서 메이크업과 옷차림에 변화를 주는 것은 에티켓으로 통하기 때문에 이를 소홀히 다룰수는 없습니다. 하지만 단순히 이러한 이유 때문에 메이크업을 하는 것은 아닙니다. 옷이 사람의 신분이나 직업을 나타내듯이 메이크업도 이러한 기능이 있습니다. 많은 대학에서 취업 시즌이 다가오면 메이크업 강좌를 개설해 학생들에게 가르치는 것도 메이크업이 그 사람을 가장 짧은 시간 동안 상대방에게 알리는 역할을 하기 때문입니다. 메이크업의 힘이 얼마나 대단한지 알아볼까요?

아름다움의 화학

우리는 사람을 봤을 때 예쁜 얼굴인지 그렇지 않은지를 단지 0.15초 사이에 판단해 버린다고 합니다. 이 짧은 시간에 인식된 얼굴은 시간이 충분히 흘러도 그대로 지각됩니다. 따라서 짧은 시간에도 아름답게 보이도록 꾸미는 것이 중요할 수밖에 없습니다. 우린 예쁜 사람을 쳐다보는 것을 즐거워할 뿐만 아니라 누군가가 자신을 쳐다봐 주는 것 또한 기쁘게 생각하기 때문입니다. 인간을 비롯한 많은 생물들은 진화 과정을 통해 아름다움을 선택해 왔습니다. 따라서 아름답게 꾸미는 것은 인간의 기본적인 욕구이며, 이러한 욕구로 화장품이 탄생하게 된 것입니다.

화장품은 기초 화장품, 메이크업 화장품, 보디 화장품, 모발 화장품, 방향 화장품 등으로 구분하며, 우리가 일반적으로 화장품이라 부르는 것은 바로 기초 화장품과 메이크업 화장품입니다. 이러한 화장품은 피지 성분이 분포하는 피부에 수분을 보존시키는 역할을 하는 물질이기 때문에 세제와 마찬가지로 계면활성제를 필요로 합니다.

화장품에 사용되는 물질들은 피부에 장기간 사용되어야 하기 때문에 자극이나 독성이 없어야 합니다. 그렇지 않은 경우 간혹 피부 트러블이 발생하기도 하는데 이는 화장품이 피부와 맞지 않아서 그런 것이기도 하지만 너무 많은 화장품을 남용하는 데에도 그 원인이 있습니다.

화장품을 사용하는 사람들이 가장 많이 오해하는 부분은 화장품이 피부 상태를 원래보다 좋게 만들어 준다고 믿는 것입니다. 화장품은 매끈하고 탄력 있는 피부를 유지하도록 도와줄 뿐 피부의 원래 기능을 대신할 수는 없습니다. 종종 과다한 세안이나 클렌징으로 피부 본래의 보습막을 완전히 제거시켜 버리는 경우가 있습니다. 그 대표적인 사례가 바로 클렌징크림과 클렌징 폼을 사용하여 이중 세안을 하는 것입니다. 이중 세안은 진한 메이크업이나 황사와 같은 유해 환경에 노출되었을 때 조심스럽게 해야 하며, 대부분의 경우에는 한 번만 세안해도 문제없습니다. 너무 과도하게 세안하면 피부가 자체 보습력을 잃고 계속 화장품에 의존해야 하는 악순환이 생깁니다.

올바른 피부 관리는 피부를 더 오랫동안 탄력 있게 만들어 줍니다. 화장도 건강한 피부를 유지할 때 가능한 것이기 때문에 스킨케어가 화장의 시작과 끝이라고 할 수 있습니다.

피부를 보호하고, 더 아름다운 얼굴로 만들어 주는 화장품. 건강한 피부를 유지할 수 있도록 화장품을 올바르게 써야 한다는 사실을 잊지 마세요.

화장으로 마음을 치료한다?

보이 조지Boy George라는 여장 가수는 화장을 하면 무대에서 자신감이 생긴다고 생각하여 항상 진하게 화장을 하고 노래를 불렀습니다. 이 여장 가수뿐만 아니라 과거의 많은 부족들은 전쟁이나 의식을 치르기 전에 자신의 얼굴에 화장을 하여 심리적 변화를 꾀하기도 했습니다. 화장은 심경의 변화를 일으키는 데 정말 도움이 되는 것일까요?

많은 남자들은 화장을 하지 않은 것이 더 아름답다는 거짓말을 하곤 합니다. 화장을 하지 않은 얼굴이 건강한 얼굴일 수는 있으나 사실 우린 화장을 통해 아름답게 꾸민 얼굴에 더 끌리는 경향이 있습니다. 연구에 의하면 남녀 모두 화장을 한 얼굴을 더 좋게 평가했다고 합니다. 심지어는 할머니들조차도 주름지고 처진 얼굴을 그대로 두었을 때보다 화장을 했을 때 훨씬 더 활기찬 모습을 보였다고 합니다. 자신의 직업이나 위치에 맞는 적당한 화장은 자신감을 불러일으키고 대인관계에서 좀 더 많은 이익을 가져다줄 수 있습니다.

특히 백반증 환자와 같이 피부에 문제가 있는 경우는 화장을 통해 하얀 피부를 위장해야 합니다. 또한 화상과 같이 피부의 상처가 그대로 드러날 경우에도 화장으로 상처로 인한 아픔을 덮어 줄 수 있습니다. 이와 같이 화장을 통해 정상적인 생활을 할 수 있도록 도와주는 것을 '화장 치료법'이라고 부릅니다. 물론 정상인의 경우에도 이러한 프로그램을 통해 자신감을 얻을 수 있습니다.

백반증
피부의 한 부분에 멜라닌 색소가 없어져 흰색 반점이 생기는 병. 아직 정확한 원인은 밝혀져 있지 않지만, 유전적 영향과 스트레스나 외상 등의 영향으로 생기는 것으로 추정하고 있다.

당신은 느낌으로 기억됩니다

마릴린 먼로는 잘 때 무엇을 입고 자느냐는 짓궂은 기자의 질문에 "샤넬 NO.5를 입고 잔다."라고 하여 수많은 남성의 마음을 사로잡은 일이 있었습니다. 향기를 입는다는 그녀의 표현은 향수의 역할을 가장 잘 나타내 줍니다.

우리는 대부분의 정보를 시각을 통해 받아들이며, 첫인상에서도 외모가 가장 중요한 판단 자료가 됩니다. 따라서 패션을 이야기할 때 향수의 역할은 상대적으로 작을지도 모릅니다.

영화 〈여인의 향기〉에서 눈먼 퇴역 장교인 알 파치노는 향기에 대한 대화만으로 훌륭하게 상대방의 호감을 샀습니다. 이와 같이 향기는 눈을 통해 전달되는 정보와는 다른 또 다른 정보를 전달합니다. 이는 냄새를 관장하는 뇌의 부분이 기억을 담당하는 해마 주변에 있어 그 사람의 느낌에 많은 영향을 주게 되기 때문입니다. 따라서 패션에 어울리는 향수를 선택하면 그만큼 깊은 인상을 남길 수 있게 됩니다.

향수를 사용하는 데 몇 가지 주의 사항이 있습니다. 향수의 농도에 따라 향은 다르게 느껴지기 때문에 과다하게 뿌린 향수는 오히려 역효과를 낸다는 것입니다. 방귀 가스의 성분 중 하나인 인돌 indole은 공기 중에 아주 묽은 농도로 있을 경우 꽃 냄새로 느껴지기 때문에 향수의 원료로 사용됩니다. 하지만 농도가 진하면 어떻게 될까요? 상상에 맡기겠습니다. 또한 실크, 흰옷, 보석류 등은 자칫하면 변색의 우려가 있으므로 향수 사용 시 주의해야 합니다.

자신에게 어울리는 향수를 선택하기 위해서 후각이 민감해지는 저녁에 향수를 구입하는 것이 좋으며, 이때는 다른 향수를 뿌리지 않고 매장에 가야 합니다. 후각은 다른 감각보다 쉽게 피로해지기 때문에 여러 가지 향을 너무 많이 맡으면 정확한 선택을 하지 못하게 됩니다. 이렇게 해서 선택한 소중한 향수는 귀 뒤, 목덜미, 손목

인돌
방향족 화합물의 일종. 스카톨과 함께 대변 냄새의 주성분이다.

향수는 패션의 화룡점정! 자신의 이미지에 맞는 향수 선택은 옷을 고르는 일만큼 중요합니다.

등 맥박이 뛰는 곳에 뿌리는 것이 좋습니다. 또한 슈트의 경우에는 안쪽에 뿌리는 것이 좋습니다.

조향사들은 100여 종의 천연향료와 수천 종의 합성향료를 조합하여 향수를 만든다고 합니다. 이렇게 많은 원료의 조합에서 나오는 다양한 향수와 자신의 체취가 잘 어울려야 정말 뛰어난 자신만의 향을 가지게 됩니다. 자신의 이미지에 맞는 패션을 찾았다면 이제 향수로 패션을 완성하는 일만 남았습니다.

6

패션은 속옷에서 완성된다

겉옷 안에 감춰진 또 다른 패션, 속옷

정장 속의 정장

속옷은 말 그대로 겉옷 속에 입는 옷입니다. 따라서 패션에 있어서 속옷의 중요성은 상대적으로 작다고 생각할지도 모르겠습니다. 오늘날과 같은 형태의 속옷이 등장한 지 채 100년도 되지 않았지만 속옷은 정장 속의 정장으로 확실한 위치를 차지하는 데 성공했습니다. 우리나라의 경우에도 1980년대 이전에는 거의 흰색 위주의 내의에서 크게 벗어나지 못했지만 최근에는 다양한 디자인과 소재의 속옷이 등장했고, 기능성 속옷이라는 새로운 개념의 속옷도 등장했습니다.

속옷이 밖으로 드러나는 것은 예의에 어긋나는 행동이라고 생각했던 시절에 비한다면 마돈나의 란제리 룩은 가히 혁명적인 발상이라고 볼 수 있을 것입니다. 이러한 란제리 룩은 이제 하나의 패션 아이템으로 확실히 자리매김되었습니다. 한때 여인들의 건강을 위협하기도 했던 속옷의 세계를 살펴봅시다.

잔인한 속옷의 역사

성경에 등장하는 아담이 자신의 몸을 가렸던 나뭇잎은 최초의 겉옷이자 최초의 속옷이기도 합니다. 문명 초창기에는 가죽으로 된 옷 하나를 걸쳤습니다. 그러나 이것으로 겉옷과 속옷을 구분하기는 어렵기 때문에 진정한 의미의 속옷은 직물 산업이 발달한 대략 3,000년 전 이집트에서 등장했다고 여겨집니다. 물론 이 당시에도 단지 린넨이나 아마로 만든 옷 하나만 두르고 있는 경우가 많아 속옷이라는 개념이 명확하게 정착된 것은 아닙니다.

사실 하층민과 노예들은 거의 누드와 다름없는 복장을 하고 있었습니다. 또한 유방이 다산의 상징으로 여겨지던 시절이라 이를 밖으로 드러내는 것을 전혀 이상하게 생각하지 않았습니다. 단지 이 당시 귀부인들 가운데에는 한 장의 천으로 만들어진 튜닉 tunic 을 두 장 겹쳐서 입는 경우가 있었는데 이 중에서 속에 입는 튜닉이 속옷이었던 것입니다.

겉옷과 속옷의 구분이 확실해지기 시작한 것은 5세기 로마 시대 경이라고 하며, 중세 시대 말인 14세기에 드디어 진정한 의미의 속

린넨
아마의 섬유로 만든 직물로, 식탁보·냅킨·행주·손수건 등을 만드는 데 많이 사용된다.

튜닉
머리 부분에 구멍을 내고 입었던 헐렁한 소매 없는 옷. 오늘날에도 블라우스나 원피스에 이러한 스타일을 적용한 제품을 튜닉이라고 말한다.

옷이 등장하게 됩니다. 하지만 금욕주의 때문에 다양한 속옷이 등
장하지는 못했습니다.

속옷의 역사에 있어 가장 놀라운 옷은 역시 '코르셋'입니다. 14세
기에 등장했던 코르셋은 18세기가 되면서 옷이라기보다는 고문 도
구에 가까울 만큼 여성들에게 잔인한 형태로 바뀌었습니다. 코르
셋을 통해 가는 허리를 만들려고 했던 것은, 허리 대 엉덩이의 비율
이 7 대 10에 가까울 때 몸이 가장 아름답게 보이기 때문입니다. 이
렇게 잘록한 허리를 만들기 위해 어릴 때부터 무리하게 코르셋을
착용한 여성들은 흉부가 기형적으로 변하기도 했습니다. 이러한
흉부의 변화로 인해 호흡 장애나 폐기종과 같은 호흡기 질환은 물
론 무리한 코르셋 착용으로 인해 사망하는 사건도 생겼습니다.

코르셋은 이렇게 여성을 압박하는 옷으로 명성을 날렸지만 쉽게
사라지지는 않았습니다. 19세기에 접어들면서 허리를 더욱 조일 수
있는 다양한 기능이 가미된 코르셋이 등장했고 다른 한편으로는
여성의 사회 활동 참여가 증가하면서 코르셋을 반대하는 움직임이
확산되었습니다. 1904년에는 원숭이에게 코르셋을 입히는 실험을
하여 코르셋의 유해성을 주장하던 사람도 있었습니다.

결국 코르셋의 디자인은 허리를 조이는 데서 몸매를 S자형으로
만드는 쪽으로 바뀌었고 여기서 가슴 가리개, 즉 브래지어가 탄생하
게 됩니다. 브래지어는 억압의 상징이었던 코르셋으로부터 여성의
가슴을 해방시키기 위해 탄생했지만 아이러니하게도 1960년대가 되
자 다시 여성 해방을 위해 벗어 버려야 할 공격 대상이 되었습니다.

잘록한 허리를 만들어 주는 코르셋부터 란제리 룩까지, 속옷은 특히 여성들과 많은 관련이 있습니다.

　이렇게 해서 최초의 브래지어가 탄생한 것이 1913년, 지금과 같은 짧은 형태의 팬티가 등장한 것은 1924년으로, 브래지어와 팬티는 등장한 지 채 100년도 되지 않은 신상품인 것입니다. 브래지어와 팬티의 역사는 짧아도 속옷에 대한 폭발적인 관심의 증가로 몰드 브라, 스트립리스 브라, 슬립, 올인원, 캐미솔 등 많은 종류의 속옷들이 등장하게 되었습니다.

속옷을 보여 주고 싶은 욕망

옷은 몸을 가리기 위한 것입니다. 하지만 아이러니하게도 어떤 옷들은 몸의 체형을 최대한 드러내거나 과장하는 방향으로 진화되어 왔습니다. 즉 많은 옷들이 노출, 밀착, 투시, 속옷의 겉옷화를 통해 몸매를 강조할 수 있도록 디자인되어 왔다는 것입니다. 물론 이러한 디자인은 패션에 적용된 에로티시즘을 나타냅니다. 이러한 디자인의 옷은 영화제에서 가슴까지 깊게 파인 드레스를 입은 여배우처럼 연예인들의 옷에서나 볼 수 있는 모습이라고 생각하기 쉽지만 꼭 그렇지만은 않습니다. 성욕인 에로티시즘은 식욕과 더불어 인간의 본능적 욕망 중 하나이기 때문입니다.

패션에 에로티시즘이 표출된 것은 근래의 일은 아닙니다. 고대 크레타Crete 여신상은 가슴을 드러내는 복장을 하고 있는데, 실제로 고대 이집트의 **시스 스커트**sheath skirt는 가슴을 드러내는 복장이었습니다.

이처럼 노출을 많이 하는 옷이 더 에로틱할 것이라고 생각할지도 모르지만 꼭 그렇지만은 않습니다. 광고계에서는 여성 모델이 완전한 노출을 할 때보다 적당한 노출을 주었을 때 훨씬 더 주목을 받는다고 말합니다. 이는 현실에서도 마찬가지여서 몸의 일부가 살짝 보이는 노출이 훨씬 관능적으로 보입니다.

고대 이후 여성들의 복장은 몸을 최대한 감싸도록 변했으며 중세 시대에는 발목조차 드러낼 수 없을 정도로 바뀌어 버렸습니다. 이러한 것들이 근대에 들어서면서 미니스커트 열풍과 함께 오늘날

시스 스커트
어깨끈이 달린 이집트 여자의 기본 복식. 시스란 '칼집'이란 의미로 몸에 딱 맞는 형태의 옷을 말한다.

의 노출 패션으로 변했습니다. 밀착이나 속이 들여다보이는 패션도 모두 에로티시즘이 반영된 것입니다.

최근에는 건강한 몸을 드러내는 유행을 타고 '란제리 룩'이 유행하고 있습니다. 란제리 룩은 단순히 속옷을 드러낸다는 에로티시즘을 넘어, 속옷은 겉옷 속에 입어야 한다는 고정관념을 깨 버린 디자인입니다. 란제리 룩에 관한 가장 강한 인상을 심어 준 것은 유명 디자이너 비비안 웨스트우드Vivienne Westwood나 장 폴 고티에Jean Paul Gaultier가 디자인한 마돈나의 '코르셋 룩'일 것입니다. 마돈나의 코르셋 룩은 섹시한 마돈나의 이미지와 어울려 많은 사람들에게 강한 인상을 심어 주었습니다.

과거 밋밋한 단색 속옷과 오늘날의 화려한 속옷을 비교해 보세요. 남에게 보여 주고자 하는 욕망이 없다면 화려한 속옷도 필요 없겠죠? 속옷의 소재가 다양해지고 디자인도 화려해지는 데에는 이러한 인간의 감추어진 욕망이 있는 것이랍니다.

기능성 속옷의 허와 실

우리가 속옷이라고 부르는 옷들은 언더웨어underwear, 파운데이션foundation, 란제리로 구분합니다. 언더웨어에는 팬티나 러닝셔츠 등의 내의가 있으며 파운데이션은 브래지어나 거들, 코르셋과 같이 체형을 보정해 주는 기능이 있는 옷을 말합니다. 란제리는 레이스나 프릴 등으로 장식한 옷으로 슬립, 속치마, 나이트 드레스 등이 여기에 속합니다.

속옷도 겉옷과 마찬가지로 자신의 몸에 맞는 옷을 선택해야 합니다. 하지만 날씬해 보이기 위해 또는 살을 빼기 위해 자신의 신체치수보다 작은 옷을 선택하는 경우도 있는데 이는 좋지 않습니다. 몸을 조이는 옷들은 여성 질환을 일으키거나 심장박동 능력 저하로 인해 집중력이 감퇴되는 등의 문제를 야기할 수 있습니다. 남자들의 경우에는 꽉 조이는 속옷이 불임의 원인이 될 수도 있다고 합니다. 꽉 조이는 속옷은 피부 호흡을 방해하여 피부 관리에도 악영향을 줍니다. 또한 어린이들의 경우 체형 보정 속옷을 잘못 입으면 신체 변형을 가져올 수도 있으니 속옷은 항상 신중하게 선택해야 합니다.

대체로 꽉 끼는 속옷이 몸에 좋지 않은 경우가 많지만 속옷 선택 시 자신의 체형을 바로잡았을 때 느낄 수 있는 심리적 안정감을 고려하지 않을 수는 없습니다. 확실히 파운데이션을 입으면 처진 몸이 바로잡히고 실루엣이 살아납니다. 파운데이션은 옛날처럼 갑옷 같은 형태가 아닌, 탄성이 뛰어난 폴리우레탄 섬유를 혼방시켜 만들어 체형을 잡아 줍니다. 원래 자기 몸보다 20퍼센트 정도 작게 몸을 수축시켜 자세를 바로잡는 역할을 하는 것이죠. 거들의 경우 아랫배를 눌러 주어 배를 날씬하게 보이도록 하며 엉덩이 부분은 감싸 올려지도록 고안되었습니다. 거들 외에도 웨이스트 니퍼와 같이 과거 코르셋이 하던 역할을 그대로 물려받은 옷들도 있습니다.

딸을 가진 많은 엄마들은 딸의 브래지어를 사이즈도 모른 채 대

웨이스트 니퍼
허리를 가늘고 날씬하게 만들기 위해 사용되는 여성용 속옷.

충 고르기도 하며 실제로 많은 여성들이 자신들의 정확한 가슴 사이즈를 모른다고 합니다. 건강한 속옷 입기는 자신의 신체 치수를 정확하게 아는 데에서 출발합니다. 몸에 맞는 속옷을 입어야 몸매를 예쁘게 살릴 수 있고 건강에도 도움이 된답니다. 레이스가 예쁘다거나 가슴을 더 예쁘게 만들어 준다는 광고만 믿고 브래지어를 사면 몸에 맞지 않아 옷맵시를 망칠 수 있습니다. 자신에게 맞는 것이 자신을 가장 아름답게 보이게 합니다.

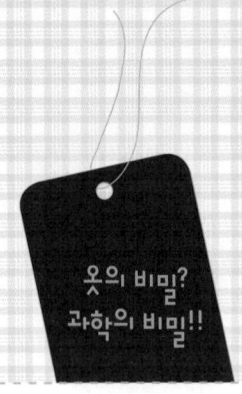

오래 신어도 발이
아프지 않은 신발은 없을까

누구나 한 번쯤 잘 맞지 않는 신발을 신는 바람에 고생했던 경험이 있을 것입니다. 이러한 경험을 한 사람은 아무리 예쁜 디자인의 구두가 있다고 하더라도 디자인보다는 신고 걸었을 때 편한 것이 더 중요하다고 생각하게 됩니다. 그래서 꼭 신어 본 후 신발을 사게 됩니다.

사바나 들판에서 살던 인류가 활동 영역을 넓혀 가면서 혹독한 환경에 노출되자 발을 보호하기 위한 신발이 필요하게 되었습니다. 신발은 추위나 더위, 충격이나 위험물로부터 발을 보호할 수 있어야 합니다. 이러한 기본적인 기능과 더불어 최근에는 방수, 흡습, 방취, 항균 등 추가 기능을 가진 신발도 등장하게 되었습니다. 오늘날 생산되는 대분의 신발은 이러한 기본 기능에는 큰 문제가 없기 때문에 스타일을 살려 주는 미적 기능에 무게가 더 실리기도 합니다. 하지만 예쁘고 세련되게 만들어진 신발이 정작 나에게 잘 맞지 않으면 발이 불편해지고 결국 신지도 못한 채 신발장에 가둬 놓아야 하는 경우도 많습니다. 따라서 좋은 신발은 신고 있을 때 발을 편하게 해 주고 보행에 무리를 주지 않는 신발이라고 할 수 있습니다. 명품 신발은 단순히 비싸고 유명한 신발이 아닌, 신는 사람의 발 특성에 맞춰 편안함을 극대화시키면서도 세련미를 잃지 않는 신발인 것입니다.

발은 52개의 작은 뼈와 38개의 근육, 60개의 관절, 그리고 214개의 인대로 이루어진 복잡한 조직입니다. 발은 우리 몸을 하루 종일 지탱하며 이동 시 충격을 흡수하는 역할을 합니다. 따라서 신발은 발이 이러한 역할을 잘 수행할 수 있도록 인체 공학적으로 만들어져야 합니다. '구두의 황제'로 불리는 살바토레 페라가모Salvatore Ferragamo가 UCLA에서 인체 해부학을 공부한 것은 바로 인체 공학적인 신발을 만들기 위해서였습니다. 페라가모는 이렇게 발의 특성에 맞는 신발을 만들기 위해 트라메자Tramezza라고 불리는 제작 방식을 고안해 유연하면서도 내구성이 뛰어난 구두를 제작했습니다.

트라메자는 구두의 밑창과 깔창 사이에 늙은 소가죽을 넣고 정교한 바느질을 하는 방식으로 134가지 공정을 통해 만들어진다고 합니다. 1차로 완성한 구두는 7일간 오븐에서 숙성하여 신는 동안 변형이 일어나지 않는 견고한 구두로 탄생하게 됩니다. 이렇게 엄청난 정성이 들어가기 때문에 페라가모는 "디자인은 모방해도 편안함은 모방할 수 없다."라는 유명한 말을 할 수 있었던 것입니다.

또 다른 이탈리아 명품 신발 브랜드인 아 테스토니a.testoni는 '볼로냐 공법'이라는 방법으로 구두를 만드는데 이 역시 숙련된 장인들에 의해 200여 가지 공정을 거쳐서 완성된다고 합니다. 볼로냐 공법은 특수 제작된 '공기 가죽 주머니'를 신발 밑창에 삽입해 발가락과 그 주위가 신발 안에서 자유롭게 움직일 수 있도록 하여 발의 편안함을 극대화시킨 제작 방식입니다.

같은 디자인의 구두라고 하더라도 결코 같은 구두가 아니라는 말이 있습니다. 사람의 발은 길이가 같다고 하더라도 제각기 다른 모양을 가지고 있기 때문에 같은 길이의 디자인이라도 발 모양에 따라 구두의 모양도 달라진다는 뜻입니다. 구두를 만들기 위해 제작하는 구두 골을 '라스트last'라고 부르는데, 구두는 라스트와 같은 모양으로 만들어집니다. 따라서 라스트가 구두를 신을 사람의 발과 같은 모양이어야 발에 꼭 맞는 편안한 구두가 만들어질 수 있는 것입니다. 구두 브랜드 아 테스토니가 전 세계인의 발모양을 조사해 35만 개나 되는 라스트를 만들었다는 것은 그만큼 개개인의 발에 맞는 구두를 제작하기 위해 들인 엄청난 노력을 나타냅니다.

우리나라의 경우 과거에는 서양의 라스트를 그대로 사용하기도 했었는데 서양인의 경우 동양인보다 발이 길고 볼이 좁아 서양의 라스트로 만든 신발은 착용감이 그리 좋지 않았습니다. 그래서 1980년대에 한국인 2만 명의 발을 측정하여 데이터화를 했으며 몇 해 전에는 한국 신발 피혁 연구소가 3,000여 명의 발을 39개 부분으로 나누고 정밀 측정을 통해 '한국형 라스트Korean Fit Master'를 만들기도 했습니다.

 참고 문헌

조 슈워츠, 이은경 옮김, 『장난꾸러기 돼지들의 화학피크닉』, 바다출판사, 2002.

섀런 버트시 맥그레인, 이충호 옮김, 『화학의 프로메테우스』, 가람기획, 2002.

쓰지하라 야스오, 이윤혜 옮김, 『문화와 역사가 담긴 옷 이야기』, 혜문서관, 2007.

이종철, 『신발 재료학』, 글로벌, 2003.

박명복, 『성공을 부르는 몸매 이야기』, 함께, 2004.

이윤정, 『STYLE 스타일을 입는다』, 교보문고, 2007.

이인자 외, 『현대사회와 패션』, 건국대학교출판부, 2002.

제임스 레버, 정인희 옮김, 『서양패션의 역사』, 시공사, 2005.

이얀 해리슨, 김한영·박인균 옮김, 『최초의 것들』, 갑인공방, 2004.

에슬리 앤 베어 외, 장석영 옮김, 『브래지어에서 원자폭탄까지』, 현실과 미래, 2002.

존 파먼, 이충호·채돈묵 옮김, 『놀랄 만큼 간단한 과학의 역사』, 사계절, 2002.

존 데인테이스, 고경식 옮김, 『화학용어사전』, 전파과학사, 2000.

조길수, 『최신의류 소재』, 시그마프레스, 2006.

사쿠라이 히로무, 김희준 옮김, 『원소의 새로운 지식』, 아카데미서적, 2002.

한국섬유공학회, 『최신합성섬유』, 형설출판사, 2001.

안동진, 『TEXTILE SCIENCE 섬유지식』, 한올출판사, 2007.

타쓰야 혼구, 김찬 외 옮김, 『하이테크 섬유의 세계』, 전남대학교출판부, 2003.

오미야 노부미쓰, 오근영 옮김, 『재미있는 화학상식』, 맑은창, 2002.

김성련 외, 『새의류 관리』, 교문사, 2008.

이전숙 외, 『섬유제품의 성능유지와 관리』, 형설출판사, 2005.

송명견 외, 『기능복』, 수학사, 1998.

송인갑, 『향수』, 한길사, 2004.

현대인과 패션 편찬위원회, 『현대인과 패션』, 경북대학교출판부, 2003.

김희재, 『방탄공학』, 청문각, 2004.

E.B. 허로크, 박길순·정현숙 옮김, 『복식의 심리학』, 경춘사, 1990.

오영세 외, 「방탄 섬유소재」, 『섬유기술과 산업』, 제10권 1호, 2006.

이한섭 외, 「신축성 패션 신소재 개발」, 『섬유기술과 산업』, 제7권 4호, 2003.

최선형, 「패션 마케팅과 감성」, 『생활과학연구논집』, 제24권 제1호

장승호, 「가상현실과 가상복식환경」, 『섬유기술과 산업』, 제2권 제4호, 1998.

박창규 외, 「3차원 및 가상공간 기술을 이용한 디지털 패션섬유제품」,

  『섬유기술과 산업』 제8권 1호, 2004.

손성군, 「최근 디지털 섬유제품 개발동향」, 『섬유기술과 산업』, 제8권 1호, 2004.

권기영, 「과학기술과 결합된 패션디자인의 기능성에 관한 연구」,

  『한국의류학회지』 Vol.28 No.1, 2004.

남윤자 외, 「3차원 인체측정 기술의 의류산업에의 활용」, 『섬유기술과 산업』,

  제6권 제3/4호, 2002.

이주현 외, 「패션의 눈으로 바라본 웨어러블 컴퓨터」, 『정보과학회지』,

  제18권 9호, 2000.

안영무, 「입는 컴퓨터의 개발」, 『섬유기술과 산업』, 제7권 1호, 2003.

김연희 외, 「인텔리전트 의류 특성과 개발동향」, 『섬유기술과 산업』, 제9권 4호, 2005.

안영무, 「유비쿼터스 컴퓨팅 의복」, 『섬유기술과 산업』, 제8권 1호, 2004.

장승옥, 「PCM 응용 온도감은 섬유소재」, 『섬유기술과 산업』, 제8권 3호, 2004.

변성원 외, 「6T 접목 차별화 섬유소재」, 『섬유기술과 산업』, 제7권 1호, 2003.

손태원 외, 「극한 섬유소재의 개발」, 『섬유기술과 산업』, 제7권 1호, 2003.

윤기종, 「첨단 보호복 산업과 기술」, 『섬유기술과 산업』, 제10권 4호, 2006.

남중회, 「실크류의 기능성과 그 응용」, 『섬유기술과 산업』, 제9권 2호, 2005.

김은애 외, 「투습방수 소재 및 평가 기술」, 『섬유기술과 산업』, 제8권 3호, 2004.

성하수, 「약물전달시스템 기술의 개발동향」, 『섬유기술과 산업』, 제8권 2호, 2004.

류근종 외, 「현대패션에 나타난 친환경 디자인의 특성」, 『한국패션디자인학회지』,
　　　제6권 제1호, 2006.

이승구 외, 「천연섬유를 이용한 친환경성 복합재료」, 『섬유기술과 산업』,
　　　제8권 4호, 2004.

윤석한 외, 「천연염료의 안정화 및 염색의 재현성 확립」, 『섬유기술과 산업』,
　　　제9권 2호, 2005.

김환두 외, 「자연모사기술의 공학적 이용」, 『섬유기술과 산업』, 제10권 2호, 2006.

손원근 외, 「자연모사의 구조적 색상 원리 및 응용」, 『섬유기술과 산업』,
　　　제10권 2호, 2006.

이영완, '명품 매장엔 특별한 것이 있다고?', 「동아일보」, 2002년 11월 18일.

이인식, '옷이 건강관리를 해 준다', 「동아일보」, 2001년 8월 30일.

남윤자 외, 「3D 데이터를 이용한 3차원 인체 모델링」, 『섬유기술과 산업』,
　　　제10권 3호, 2006.

박창규, 「i-Fashion 기술과 산업」, 『섬유기술과 산업』, 제10권 3호, 2006.

박중휘 외, 「옥수수 섬유」, 『섬유기술과 산업』, 제6원 1/2호, 2002.

박윤철 외, 「실버의류에 적합한 방향가공 및 스킨케어 가공」, 『섬유기술과 산업』,
　　　제8권 2호, 2004.

이승구 외, 「천연섬유를 이용한 친환경성 복합재료」, 『섬유기술과 산업』,
　　　제8권 4호, 2004.

김숙진 외, 「가상현실과 패션디자인」, 『한국멀티미디어학회지』, 제8권 1호, 2004.

남윤자, 「착시 노리는 패션의 허와 실」, 『과학동아』, 2001년 10월호.

남윤자 외, 「3차원 인체측정기술」, 『섬유기술과 산업』, 제6권 3/4호, 2002.

박수민 외, 「감성가공 섬유소재의 현재와 미래」, 『섬유기술과 산업』, 제2권 2호, 1998.

김도윤 외, 「군사용 e-textile」, 『섬유기술과 산업』, 제10권 1호, 2006.

강석기 외, 「디자인이 기술을 리드한다」, 『과학동아』, 2005년 3월호.

고형석, 「디지털 패션쇼」, 『과학동아』, 2006년 6월호.

한남근 외, 「상처치료용 소재」, 『섬유기술과 산업』, 제8권 2호, 2004.

조대현, 「생체모방 섬유재료의 제품화 동향」, 『섬유기술과 산업』, 제10권 2호, 2006.

손세란 외, 「생태환경적 관점에 의한 의상 디자인 연구」, 『한국패션디자인학회지』,

　　제4권 1호, 2004.

최태수, 「스킨케어 소재」, 『섬유기술과 산업』, 제8권 2호, 2004.

김경아 외, 「시각장애인을 위한 의복 개발 연구」, 『한국패션디자인학회지』, 제5권 2호,

　　2005.

한남근 외, 「의상에 나타난 에로티시즘의 표현방법에 관한 연구」, 『한국패션디자인학

　　회지』, 제4권 2호, 2004.

패션 사이언스

펴낸날	초판 1쇄 2010년 4월 30일
	초판 10쇄 2021년 9월 30일

지은이	**최원석**
펴낸이	**심만수**
펴낸곳	**(주)살림출판사**
출판등록	1989년 11월 1일 제9-210호

주소	경기도 파주시 광인사길 30
전화	031-955-1350 팩스 031-624-1356
홈페이지	http://www.sallimbooks.com
이메일	book@sallimbooks.com

ISBN	978-89-522-1376-1 04400

살림Friends는 (주)살림출판사의 청소년 브랜드입니다.